国家电网
STATE GRID

国家电网有限公司特高压建设分公司
STATE GRID UHV ENGLNEERING CONSTRUCTION COMPANY

U0748606

特高压工程建设典型案例

（2022年版）

设备监造分册

国家电网有限公司特高压建设分公司　组编

中国电力出版社
CHINA ELECTRIC POWER PRESS

内 容 提 要

为进一步落实国家电网有限公司"一体四翼"战略布局，促进"六精四化"三年行动计划落地实施，提升特高压工程建设管理水平，国家电网有限公司特高压建设分公司系统梳理、全面总结特高压工程建设管理经验，提炼形成《特高压工程建设标准化管理》等系列成果，涵盖建设管理、技术标准、施工工艺、典型工法、经验案例等内容。

本书为《特高压工程建设典型案例（2022年版） 设备监造分册》，分为换流变压器、换流阀、开关类设备和其他设备四章160个典型案例，其中，换流变压器129例、换流阀10例、开关类设备13例、其他设备8例。每个案例均从案例描述、案例分析和处理措施三方面进行阐述。

本套书可供从事特高压工程建设的技术人员和管理人员学习使用。

图书在版编目（CIP）数据

特高压工程建设典型案例：2022年版 . 设备监造分册/国家电网有限公司特高压建设分公司组编 . —北京：中国电力出版社，2023.8

ISBN 978－7－5198－7987－7

Ⅰ.①特… Ⅱ.①国… Ⅲ.①特高压电网－电力设备－监督管理－案例 Ⅳ.①TM727

中国国家版本馆 CIP 数据核字（2023）第 127048 号

出版发行：中国电力出版社
地　　址：北京市东城区北京站西街 19 号（邮政编码 100005）
网　　址：http://www.cepp.sgcc.com.cn
责任编辑：翟巧珍（806636769@qq.com）
责任校对：黄 蓓 郝军燕
装帧设计：郝晓燕
责任印制：石 雷

印　　刷：北京瑞禾彩色印刷有限公司
版　　次：2023 年 8 月第一版
印　　次：2023 年 8 月北京第一次印刷
开　　本：880 毫米×1230 毫米 16 开本
印　　张：5
字　　数：106 千字
定　　价：45.00 元

版 权 专 有 侵 权 必 究

本书如有印装质量问题，我社营销中心负责退换

《特高压工程建设典型案例（2022年版）设备监造分册》

编 委 会

主 任	蔡敬东　种芝艺
副主任	孙敬国　张永楠　毛继兵　刘　皓　程更生　张亚鹏
	邹军峰　安建强　张金德
成 员	刘良军　谭启斌　董四清　刘志明　徐志军　刘洪涛
	张　昉　李　波　肖　健　白光亚　倪向萍　肖　峰
	王新元　张　诚　张　智　王　艳　王茂忠　陈　凯
	徐国庆　张　宁　孙中明　李　勇　姚　斌　李　斌

本书编写组

组　　　长	邹军峰
副 组 长	董四清　孙中明　张　诚
主要编写人员	尤少华　冯怡雪　邢珂争　王　岳　张崇涛　刘蔚宁
	李戴玉　张　宇

从 2006 年 8 月我国首个特高压工程——1000kV 晋东南—南阳—荆门特高压交流试验示范工程开工建设，至 2022 年底，国家电网有限公司已累计建成特高压交直流工程 33 项，特高压骨干网架已初步建成，为促进我国能源资源大范围优化配置、推动新能源大规模高效开发利用发挥了重要作用。特高压工程实现从"中国创造"到"中国引领"，成为中国高端制造的"国家名片"。

高质量发展是全面建设社会主义现代化国家的首要任务。我国大力推进以稳定安全可靠的特高压输变电线路为载体的新能源供给消纳体系规划建设，赋予了特高压工程新的使命。作为新型电力系统建设、实现"碳达峰、碳中和"目标的排头兵，特高压发展迎来新的重大机遇。

面对新一轮特高压工程大规模建设，总结传承好特高压工程建设管理经验、推广应用项目标准化成果，对于提升工程建设管理水平、推动特高压工程高质量建设具有重要意义。

国家电网有限公司特高压建设分公司应三峡输变电工程而生，伴随特高压工程成长壮大，成立 26 年以来，建成全部三峡输变电工程，全程参与了国家电网所有特高压交直流工程建设，直接建设管理了以首条特高压交流试验示范工程、首条特高压直流示范工程、首条特高压同塔双回交流示范工程、首条世界电压等级最高的特高压直流输电工程为代表的多项特高压交直流工程，积累了丰富的工程建设管理经验，形成了丰硕的项目标准化管理成果。经系统梳理、全面总结，提炼形成《特高压工程建设标准化管理》等系列成果，涵盖建设管理、技术标准、工艺工法、经验案例等内容，为后续特高压工程建设提供管理借鉴和实践案例。

他山之石，可以攻玉。相信《特高压工程建设标准化管理》等系列成果的出版，对于加强特高压工程建设管理经验交流、促进"六精四化"落地实施，提升国家电网输变电工程建设整体管理水平将起到积极的促进作用。国家电网有限公司特高压建设分公司将在不断总结自身实践的基础上，博采众长、兼收并蓄业内先进成果，迭代更新、持续改进，以专业公司的能力与作为，在引领工程建设管理、推动特高压工程高质量建设方面发挥更大的作用。

2023 年 6 月

前言

为进一步总结特高压直流输电工程设备监造管理的实践经验，加强设备质量风险预控，减少"常见病、多发病"的发生，在 2017 年出版的《特高压直流工程建设管理实践与创新 设备监造典型案例》基础上，梳理总结了近期青海—河南、陕北—武汉、雅中—江西三个特高压直流输电工程的换流站换流变压器、换流阀、开关类设备以及其他设备研制过程发生的典型案例。

针对以上案例进行分析，编写而成了《特高压工程建设典型案例（2022 年版） 设备监造分册》。本书共包括 160 个典型案例，其中，换流变压器 129 例、换流阀 10 例、开关类设备 13 例、其他设备 8 例。

在本书的编写过程中，得到了工程各参建单位的大力支持，在此一并表示衷心感谢！限于时间，书中难免存有不妥之处，敬请广大读者批评指正。

编者

2023 年 5 月

目录

第一章　换流变压器

第一节　设计类问题

案例 1　换流变压器阀侧绕组图纸缺陷

【案例描述】

某工程换流变压器阀 2 绕组在绕制过程中，发现绕组起始引线出头与设计厂家提供的图片不符，导致绕组返工处理。

【案例分析】

设计厂家的图纸存在缺陷，即阀侧绕组首饼绕制后不能同时满足线饼的幅向尺寸要求和出头位置的层间绝缘要求。

【处理措施】

设计厂家提供整改方案，将出头位置的层间绝缘由原来的 17mm 改为 10mm，保证绕组幅向尺寸偏差不大于 2mm。按照整改方案，对阀 2 绕组引线出头进行了返工处理。

案例 2　换流变压器箱盖热点温升超标

【案例描述】

某工程换流变压器温升试验时箱盖存在热点温升超标问题，其中 1.0 倍标称容量时箱盖温度 126.8℃、热点 98.9K；1.1 倍标称容量时箱盖温度 150.1℃、热点 117.7K；1.2 倍标称容量时箱盖温度 154℃、热点 120.5K，对应位置在调压绕组触头引线区域。

【案例分析】

(1) 热点位置对应调压引线区域，局部涡流导致过热。

(2) 换流变压器箱盖加强筋布置在内部，局部油流不畅导致散热困难。

【处理措施】

(1) 在箱盖内部加装磁屏蔽，以降低在箱盖上的涡流损耗。

(2) 冷却主管道增加三处分支管道至箱盖热点区域，以解决局部油流不畅问题。

通过上述处理后，验证试验 1.2 倍标称容量稳定维持 2h 后油箱最热点温升为 61K（最热点温度 98℃）。

案例 3　换流变压器短时感应耐压试验试验放电

【案例描述】

某工程换流变压器在进行短时感应耐压试验 ACSD＋长时感应耐压试验 ACLD 试验时，$1.5U_m/\sqrt{3}$ 电压下局部放电无异常，升至约 $1.7U_m/\sqrt{3}$ 出现异常局部放电（117pC），至 653kV 时网侧局部放电 942pC，继续加压至 680kV 时网侧局部放电激增并不断增长，持续 15s 时发生电压跌落，表明内部发生击穿放电。

【案例分析】

在柱 1 调压绕组上部出头对侧发现放电痕迹。故障位置在柱 1 调压绕组，放电点集中在调压绕组上部并延伸至上部端圈。分析认为放电起始位置从第 4、5 饼绕组起始（从上往下数）向上发展终止于上部静电环。

通过对产品解体后故障点情况，结合电场情况的校核以及对工艺过程的梳理，认为造成故障的原因：一是调压绕组处电场裕度不足，即调压绕组的第 5 饼导线场强过高；二是工艺问题，即器身干燥过程中铁铁芯测量点的放置错误导致器身干燥不彻底。对前期生产过程进行排查，发现器身干燥过程存在缺陷，干燥过程中铁芯测量点布置在升温较快的旁柱上，未布置在升温较均衡的中间柱上，导致绝缘干燥过程不满足工艺要求（最高可能差 20℃），从而导致故障处绝缘干燥不良及绝缘含水量偏高。

【处理措施】

（1）将调压绕组单股导线改为两股并联，同时优化布置各匝导线排列以降低最大场强，调压绕组两匝间轴向电位差由 34kV 降低至 17kV。

（2）干燥过程中铁芯测量点布置在升温较均衡的中间柱上。

案例 4　换流变压器器身导油结构件堵塞油路

【案例描述】

某工程换流变压器器身干燥一次出炉整理中，发现器身内部导油结构中结构件有堵塞油路的现象。

【案例分析】

纸圈堵塞导油孔，图纸设计错误。

【处理措施】

拆除绕组组装部分，将纸圈直径减小至导油孔内部，保证油路的畅通。

案例 5　换流变压器温升试验产气

【案例描述】

某工程换流变压器温升试验时，油色谱分析中 CO_2、CO、H_2 增长明显，并伴有 CH_4、C_2H_6、C_2H_4 增长，后继续进行 1.1 倍标称容量温升试验 9h 后停止试验，试验停止时 CO 为 $1596\mu L/L$、CO_2 为 $3990\mu L/L$、C_2H_4 为 $7.30\mu L/L$。

解体检查阀 a 引线屏蔽管高于绕组静电环区域水平部分有 3 处绝缘变色，拆开后发现由内至外绝缘出现不同程度过热痕迹，接近屏蔽管部分已完全碳化；阀 a 引线高于绕组静电环区域外的绝缘部分已全部过热碳化。

【案例分析】

分析认为油流不畅是造成故障的原因，主要包括以下两点：

（1）阀侧引线屏蔽管与绕组静电环间隔离垫块缺失，可能造成油路面积减小。

（2）阀侧引线安装后曾进行拆卸，增加了连接套筒，使得与原有套筒重叠，造成油流空间减小。

【处理措施】

（1）屏蔽管与静电板之间按要求放置的 4mm 垫块，使屏蔽管进油口通畅。

（2）更换阀引线上部屏蔽管内的载流电缆，在引线电缆冷压连接时，冷压套筒之间错开 100mm 以上，避免电缆聚堆阻塞屏蔽管中油路。

（3）更换阀引线上部绝缘铝管，在绝缘铝管增加 6 个 30mm×100mm 的排油口，通过结构优化保证屏蔽管中油的流动性。

（4）更换受损绝缘部件。

第二节　原材料类问题

案例 1　换流变压器器身夹件绝缘件损伤

【案例描述】

某工程换流变压器出炉检查发现绝缘成型件有开裂现象。

【案例分析】

绝缘件干燥过程中由于收缩导致拉裂。

【处理措施】

对器身下部夹件开裂的肢板绝缘成型件进行了更换。后续产品在安装前对绝缘成型件使用肢板工装撑紧，预干燥处理后使用。

案例2 换流变压器冷却器管壁有黑色油污

【案例描述】

某工程换流变压器冷却器入厂检验时，发现冷却器共5件油管内壁均有黑色油污。

【案例分析】

冷却器生产过程中，冷却器内部未清理干净。

【处理措施】

将有问题的冷却器返厂处理。

案例3 换流变压器网侧套管颜色差异

【案例描述】

某工程低端换流变压器套管入厂检查，发现网侧套管颜色和之前套管型号相同，颜色有明显差异。

【案例分析】

新到套管出厂涂装RTV涂层，之前产品未涂装。由于首台产品交货期紧张，套管供方未对网侧套管进行RTV喷涂，待首台试验完成后进行喷涂，其他工号换流变压器网侧套管均按要求进行了喷涂，保持一致。

【处理措施】

首台试验结束后套管供方对套管进行RTV喷涂。

案例4 换流变压器网侧套管污渍

【案例描述】

某工程换流变压器网侧套管进厂检查时，发现套管法兰处有污渍斑点。

【案例分析】

由于受疫情影响，套管到厂后，室外放置过久潮湿空气浸入，套管法兰表面氧化造成污渍斑点。

【处理措施】

套管厂家派人对未清除干净的斑点进行处理，经检验符合要求。

案例5 换流变压器预局部放电试验问题网侧出头成型件存在放电痕迹

【案例描述】

某工程换流变压器进行预局部放电试验，升至1.5倍电压时网侧有70～130pC局部放电信号。通过加强工艺处理，增加热油循环及静放处理后，再进行复试试验未通过。

【案例分析】

绝缘件质量存在缺陷。器身脱油后检查发现网侧出头成型件存在 1 处放电痕迹，基本确认该处为故障点。

【处理措施】

更换放电绝缘成型件和周边绝缘件。

案例 6　换流变压器预局部放电试验网侧套管末屏对地绝缘电阻值异常

【案例描述】

某工程换流变压器进行绝缘前长时感应电压试验和局部放电测量时，网侧高压有闪烁性放电，起始电压 $1.5U_{\mathrm{m}}/\sqrt{3}$，熄灭电压 $1.3U_{\mathrm{m}}/\sqrt{3}$，量值约 $300\sim400\mathrm{pC}$，其他端子无明显传递，色谱无异常。网侧高压套管末屏对地绝缘电阻值仅有 $20\mathrm{M}\Omega$，远低于同类产品，同时介质损耗值达到 90％，远高于同类产品。

【案例分析】

网侧套管故障。

【处理措施】

更换网侧套管。

案例 7　换流变压器网侧套管法兰开孔位置尺寸超差

【案例描述】

某工程换流变压器网侧高压套管的法兰孔位置尺寸最大偏差 10mm，造成与网侧高压套管升高座法兰安装困难。

【案例分析】

经检查是由套管厂家制造网侧高压套管的法兰孔尺寸不合格导致的。

【处理措施】

（1）对套管法兰安装孔按图纸进行整体检查测量，用记号笔标记好需磨钻修整的尺寸。

（2）根据现场测量的实际尺寸，采取磨台阶方式向孔偏的方向修整处理，打磨斜角 60°。

（3）法兰安装孔修整后，套管与变压器上进行复装检查，对法兰安装孔与变压器升高座安装孔采取标识处理。

处理后套管与网侧高压套管升高座进行安装合格。

案例 8　换流变压器冷却器渗漏油

【案例描述】

某工程换流变压器静放阶段检查发现其中 1 组冷却器存在渗漏油情况，经过入厂检验及密封试验（正、负压），均合格，且冷却器安装至换流变压器本体上后真空注油、热油循环阶段均未发现渗漏油。

【案例分析】

冷却器存在质量隐患。

【处理措施】

更换新的冷却器，漏油冷却器返厂。

案例 9　换流变压器调压绕组纸筒变形

【案例描述】

某工程换流变压器调压绕组 1 柱进行第一层 4mm 纸筒围制时，存在喇叭口现象。

【案例分析】

纸筒受潮出现变形，导致喇叭口的现象发生。

【处理措施】

将存在变形纸筒全部报废处理，重新制作的纸筒满足质量和工艺要求。

案例 10　换流变压器绕组端圈划痕

【案例描述】

某工程换流变压器绕组组装阶段，检查发现部分端圈表面存在划痕及毛刺。

【案例分析】

供应商用划线分度盘划线导致，划线分度盘为针式，在划线时会产生凹痕和毛刺，供应商没有对其进行处理。

【处理措施】

经过测量该凹痕 0.1～0.2mm，仍然满足端圈整体厚度公差要求，不会对电气性能产出影响，售后使用符合要求的砂纸对其进行打磨处理。

案例 11　换流变压器绕组组装角环受损

【案例描述】

某工程换流变压器绕组组装用角环边角存在折损、开裂等现象，且数量较多。

【案例分析】

由于角环边角未采取防护措施，在运输和搬运过程中碰撞受损。

【处理措施】

角环开裂的位置在角环的四角，深度很小，此位置是搭接位置，经过设计、工艺和技术专家确认，角环可以使用，后续类似物料对边缘进行防护。

案例 12　换流变压器引线绝缘纸材质与图纸不符

【案例描述】

某工程换流变压器器身装配完成后，发现网侧及调压引线电缆外包绝缘纸与图纸要求的材质不符。

【案例分析】

（1）电缆供应商未按照技术协议生产。

（2）入厂检验及生产过程自检、互检未有效执行，未能有效发现问题。

【处理措施】

将网侧及调压侧引线电缆线进行全部更换，且在绕组引线接头出来 100m 的位置断线，重新压接排线。

案例 13　换流变压器出线装置接地座损坏

【案例描述】

某工程换流变压器器身压服时，发现网侧出线装置内部固定屏蔽管的接地座丝孔损坏。

【案例分析】

打包物料制作工艺问题。

【处理措施】

使用后续产品屏蔽管进行替换。排查后续产品屏蔽管的接地座丝孔质量。

案例 14　换流变压器阀升高座螺帽渗油

【案例描述】

某工程换流变压器热油循环时，发现阀升高座下部螺帽存在渗油问题。

【案例分析】

此螺帽是阀出线装置内部绝缘安装固定螺杆的螺纹扣，里面胶垫密封存在质量问题造成渗油。

【处理措施】

更换螺帽密封垫。

案例 15　换流变压器阀侧套管屏蔽罩无法安装

【案例描述】

某工程换流变压器阀侧套管下部屏蔽罩无法安装。

【案例分析】

屏蔽罩尺寸错误。

【处理措施】

该屏蔽罩返厂进行整改。

案例 16　换流变压器阀侧绕组内屏线波浪变形

【案例描述】

某工程换流变压器在绕制阀侧绕组时，发现换位导线中并排的三根屏蔽线存在持续波浪扭曲变形质量问题。

【案例分析】

导线厂家在厂内检查内部屏蔽线是否存在重叠现象时，对导线进行了多次倒轮过程，导致屏蔽线多次翻转出现严重变形，且在出厂前未进行屏蔽线变形检查及控制。

【处理措施】

导线厂家重新供货，并对屏蔽线的拉紧力和屈服强度、统包绝缘拉紧力等进行工艺验证，确保所供导线的屏蔽线不出现重叠、错位及明显的波浪问题。

案例 17　换流变压器阀侧绕组屏蔽线重叠

【案例描述】

某工程换流变压器阀侧绕组绕制时，阀 1 绕组绕制第 2 饼时，发现换位导线表面鼓起，从侧面看不到屏蔽线，判断屏线已重叠，同时阀 2 绕组在绕制第 67 饼时，也出现屏线重叠问题。

【案例分析】

导线厂家对于该批导线的工艺控制存在偏差。

【处理措施】

对问题阀侧夹屏换位导线作报废处理，后续导线厂家改进工艺措施解决屏线重叠问题，重新加工制作夹屏换位导线。

案例 18　换流变压器温升试验油泵故障导致异常产气

【案例描述】

某工程换流变压器在温升试验结束后，试验数据和油样均合格，随后进行有载开关带负荷切换试验，本体油样化验不合格，检测乙炔值 $10.29\mu L/L$、总烃 $27.43\mu L/L$。

【案例分析】

排油内检，检查分接开关、引线等区域未见异常；再次注油后进行负载电流切换试验未见异常；检测冷却器潜油泵时，发现其中 1 台潜油泵电机绕组短路，并从油泵残油中化验出乙炔含量 $9.19\mu L/L$。油泵故障导致出现乙炔。

【处理措施】

更换油泵。

案例 19　换流变压器绝缘成型件表面碳化分层

【案例描述】

某工程换流变压器绝缘成型件开箱联检，发现两件成型件边角有分层现象。

【案例分析】

成型件加工问题。

【处理措施】

打磨修复边角有分层的成型件。

案例 20　换流变压器绝缘筒内存在粉尘和纸屑

【案例描述】

某工程换流变压器成型绝缘筒开箱联检，发现包装内部有较多粉尘和纸屑。

【案例分析】

绝缘件加工后清理不到位。

【处理措施】

在使用前必须用吸尘器等清洁工具彻底清理干净后才能使用。要求绝缘件供应商做好清洁防护工作。

案例 21　换流变压器调压绕组出线绝缘护板尺寸偏差

【案例描述】

某工程换流变压器器身装配时，发现调压绕组出线处的绝缘护板宽度比图纸小 20mm，造成现场无法使用。

【案例分析】

绝缘件厂家加工问题，绝缘护板尺寸小了 20mm。

【处理措施】

按绝缘件厂家建议，用酒精将绝缘护板浸泡变软后，重新弯形修复。修复完成后符合设计和工艺要求。

案例22 换流变压器阀侧套管尾部绝缘纸损伤

【案例描述】

某工程换流变压器阀侧套管拆除套管尾部套筒，在检查过程中发现套管尾部绝缘纸损伤严重。

【案例分析】

套管安装防护套筒时剐蹭所致。

【处理措施】

重新更换套管。

案例23 换流变压器阀侧套管尾部绝缘纸凹凸不平

【案例描述】

某工程在换流变压器阀侧套管拆除套管尾部套筒检查过程中，发现套管尾部绝缘纸有两处疑似受挤压造成的表面凹凸不平整部位。

【案例分析】

在制造过程中处理不当所致。

【处理措施】

该2支套管已随换流变压器完成了出厂试验，试验过程无异常，会议讨论确定该2支套管可继续使用。

案例24 换流变压器网侧套管试验后油色谱含乙炔

【案例描述】

某工程换流变压器出厂试验后对网侧套管进行油色谱检验，检验结果乙炔含量为$0.06\mu L/L$。

【案例分析】

套管厂家分析这种低水平乙炔不是在主绝缘层中产生的，乙炔的产生是由在手动安装过程中未检测到的一些套管中弹簧杯的微小错位引起的。

【处理措施】

套管返厂处理。

案例 25　换流变压器预局部放电网侧绕组上部角环放电故障

【案例描述】

某工程进行换流变压器预局部放电试验，冲过 $1.7U_m/\sqrt{3}$ 后 30s 左右出现局部放电超标，网侧 30000pC，阀侧 2000pC，铁芯 3000pC，夹件 4500pC，熄灭电压 $0.5U_m/\sqrt{3}$。解体检查，发现柱 1 网侧绕组上部角环表面有放电痕迹，解剖角环，内部放电现象较外部严重。

【案例分析】

根据解体检查和对有放电痕迹的绝缘件进行解剖检查，发现绝缘件（绝缘角环和绝缘纸板）内部存在不同程度的放电现象，且较外表面更严重，因此分析认为主要原因是绝缘件（绝缘角环和绝缘纸板）的质量问题。

【处理措施】

更换网侧绕组组装用所有的绝缘件，以及在拆解过程中损坏的绝缘件，经返修完成总装工艺处理后，试验通过。

案例 26　换流变压器预局部放电试验调压绕组故障

【案例描述】

某工程进行换流变压器预局部放电试验，升至 $1.5U_m$ 时局部放电量满屏，降压后第二次升压，$1.5U_m$ 电压时局部放电量：网侧：300～500pC，阀侧 150～280pC，铁芯 400～800pC，夹件：700～1000pC，20min 时网侧局部放电量增至 1200pC，后有所下降，60min 时网侧 160～300pC，阀侧 80～180pC，铁芯和夹件 200～400pC，熄灭电压 $0.55U_m$。

【案例分析】

根据该产品试验情况、解体检查发现的故障点及对绕组导线和绝缘纸板的解剖检查，分析认为造成绝缘前局部放电量超标的可能原因是绝缘纸板层间质量缺陷（内层放电较外表面严重）或绕组导线存在尖角毛刺（导线股间有放电现象）。

【处理措施】

（1）重新绕制 1 柱调压绕组。

（2）更换 1 柱调压绕组外部绝缘件。

（3）更换 2 柱调压绕组损坏绝缘件。

（4）加强器身上磁分路，检查合格后使用。

（5）重新按要求加强真空及油处理工艺，网侧升高座采用 DN50 管路进行抽真空及热油循环，注油含气量控制在 0.5% 以下，带压静放（箱底压力不大于 0.12MPa）。复试通过。

案例 27　换流变压器预局部放电试验网侧屏蔽管对油箱箱壁放电

【案例描述】

某工程换流变压器进行预局部放电试验，$1.7U_{\mathrm{m}}/\sqrt{3}$ 电压激发后降至 $1.5U_{\mathrm{m}}/\sqrt{3}$ 电压下持续 6min 时发生放电，再次升压至 $0.7U_{\mathrm{m}}/\sqrt{3}$ 网侧即出现异常局部放电。试验后网侧升高座乙炔 $308.85\mu\mathrm{L/L}$。

（1）拆卸网侧升高座发现网侧屏蔽管对油箱箱壁放电，油中屏蔽管固定的位置有爬电痕迹。

（2）对屏蔽管进行检查，爬电路径由屏蔽管下部向上延伸，屏蔽管固定位置周围皱纹纸爬电痕迹较为严重，夹箍处内部绝缘成型件的爬电痕迹较为严重。

（3）与均压球连接的屏蔽管上表面皱纹纸有爬电痕迹，与均压球连接的法兰四周均有向下爬电痕迹。

【案例分析】

网侧出线装置屏蔽管绝缘工艺处理不到位或网侧引线屏蔽管外部夹箍处绝缘成型件质量缺陷。

【处理措施】

更换网侧出线装置、屏蔽管并重新干燥器身。

案例 28　换流变压器阀交流外施耐压试验局部放电超标

【案例描述】

某工程换流变压器阀侧外施交流耐压试验加压至 481kV 出现异常局部放电，再次加压至 170 kV 时阀 a 局部放电 180pC、阀 b 局部放电 2020pC，熄灭电压 100kV，油色谱无异常。

根据放电现象和定位情况，放电位置在阀侧引线下部屏蔽管附近；排油检查定位位置附近的绝缘、屏蔽管接头未发现问题。

【案例分析】

分析为定位点附近的绝缘件、皱纹纸存在缺陷或含有杂质。

【处理措施】

对定位点附近的柱 2 下部屏蔽管的成型件重新采购更换。复试试验通过。

案例 29　换流变压器预局部放电试验故障撑条有放电痕迹

【案例描述】

某工程换流变压器进行预局部放电试验，$1.7U_{\mathrm{m}}/\sqrt{3}$ 电压激发后降至 $1.5U_{\mathrm{m}}/\sqrt{3}$ 电压下持续

3min 时出现异常局部放电，网侧局部放电量 218pC、阀侧局部放电量 40pC，6min 时网侧放电量增加到 1380pC，8min 时网侧局部放电满屏，试验后本体含有 3.7μL/L 乙炔。

故障排查发现：①局部放电定位故障位置在调压绕组与网侧绕组之间、调压绕组上部；②解体检查发现网侧绕组与调压绕组组装相邻的撑条 3 有严重的放电痕迹，与撑条相邻的纸板筒表面也有放电痕迹；③对撑条进行解剖发现撑条内部有清晰的爬电痕迹。

【案例分析】

撑条内部存在缺陷，绝缘强度降低。

【处理措施】

更换放电区域附近的垫块、端圈、撑条，纸板筒和硬纸板筒，复装器身。复试通过。

案例 30　换流变压器预局部放电试验故障垫块内部有爬电痕迹

【案例描述】

某工程换流变压器预局部放电试验，施加电压 $1.5U_m/\sqrt{3}$ 持续 2.5min 时出现异常局部放电，网侧局部放电量 1200pC、阀侧局部放电量 160pC，至 6.5min 时网 18000pC、阀 3800pC，熄灭电压 $0.7U_m/\sqrt{3}$，试验后本体含有 6.7μL/L 乙炔。

故障排查发现：①超声定位故障在调压绕组与网侧绕组之间、靠近调压绕组上部；②器身解体检查发现调压绕组静电板上的撑条垫块及相邻纸板有放电痕迹，调压绕组、网侧绕组及其他位置的纸板没有放电痕迹；③对放电垫块进行 X 光检查，发现垫块内部有一条细细的痕迹，拆开垫块发现内部纸板之间的胶纸黏合处有清晰的爬电痕迹。

【案例分析】

垫块内部存在绝缘缺陷，绝缘强度降低。

【处理措施】

更换放电处附近的垫块、端圈、成型件、绝缘筒和撑条，复装器身。

案例 31　换流变压器套管质量问题导致阀侧交流外施试验局部放电量超标

【案例描述】

某工程换流变压器阀侧交流外施试验，施加电压至 260kV 时，阀 4.1 局部放电量 9pC、阀 4.2 局部放电量在 110～140pC 范围，随着施加电压逐步升高，阀 4.2 局部放电量升高至 240～300pC，多次排查后阀 4.2 局部放电量仍超标。

【案例分析】

阀 4.2 套管质量问题。

【处理措施】

更换套管后试验通过。

案例 32　换流变压器阀侧交流外施试验放电

【案例描述】

某工程换流变压器阀侧交流外施耐压试验，施加电压 938kV 持续 29min 时，阀 b 局部放电出现增长趋势，从几十皮库伦增长至近 20000pC。

故障排查发现：

（1）转动油泵 2h 后再次对本体取油样进行油色谱分析，油色谱分析结果中显示上部、中部、下部油样含有 0.3、0.187、0.19μL/L 乙炔。

（2）超声定位故障位置在阀 b 引线屏蔽管与绕组出头连接位置。

（3）解体检查发现柱 2 阀侧绕组下部内径侧第 5 层第 4 号撑条位置的纸板内侧和撑条有放电痕迹，与定位区域基本一致；对纸板解剖发现内部有清晰的爬电痕迹、对撑条解剖内部无明显放电痕迹。

【案例分析】

讨论分析认为阀侧外施耐压试验局部放电异常应为高场强区域绝缘纸板缺陷引起的放电。

【处理措施】

（1）更换柱 2 阀侧绕组发生放电和拆解损伤的部分绝缘件，恢复产品。

（2）为确保质量，决定对柱 1 阀侧绕组进行解体检查，对柱 1 网侧绕组、调绕组及旁轭屏蔽等绝缘件进行必要的检查。

（3）对故障部位的绝缘强度进行必要校核计算。复试通过。

案例 33　换流变压器网侧首端套管下部镀银部位表面颜色异常

【案例描述】

某工程换流变压器部分网首端套管下部镀银层表面颜色异常。

【案例分析】

套管厂家分析该变色的原因为镀银层的氧化造成，可以采用百洁布类物进行清除，不影响套管及变压器的使用功能。

【处理措施】

换流变压器厂家按照套管厂要求对变色部位进行清理。

案例 34　换流变压器阀侧操作冲击放电

【案例描述】

某工程换流变压器在进行阀侧外施操作冲击试验，第一次 100% 冲击时，出现电压波形跌落、换流变压器异响，油色谱分析结果含有乙炔。

【案例分析】

分析认为此次故障的原因为阀侧成型引线柱 2 端部绝缘纸浆制作存在缺陷，导致引线端部位置绝缘强度降低，造成在施加 100％冲击电压下由阀侧引线发生放电，最终对铁芯柱屏蔽及拉板放电击穿。

放电始于阀侧成型引线端部位置，通过引线表面的绝缘皱纹纸爬电到达阀侧绕组最外层角环端面，沿角环外表面爬电至靠近铁芯屏蔽筒的最近点，最终到达铁芯柱拉板终止。

【处理措施】

更换所有受损或受污染的所有绝缘件，按照正常产品要求回装并试验。复试合格。

案例 35　静电环出线位置有 1mm 左右台阶

【案例描述】

某工程换流变压器网侧 1 柱绕组绝缘装配时下部静电环有异物污染，静电环表面有外力挤压痕迹；静电环出线位置手压感觉有 1mm 左右的台阶。

【案例分析】

静电环在运输、保管、转运、绝缘装配过程中操作、防护不当。出线口台阶是绝缘包扎过程中工艺形成的，对质量无影响。

【处理措施】

现场吸尘器清理异物颗粒，解剖压痕处探查、绝缘包扎。处理后异物颗粒清理干净，压痕处没有损伤到内部，绝缘包扎处理。

案例 36　换流变压器阀 2 绕组绝缘纸筒周长超差

【案例描述】

某工程换流变压器阀 2 绕组组装时，发现绝缘筒周长比图纸周长超出 4～5mm，图纸要求周长 7716mm，实测上端 7721mm、下端 7720mm。

【案例分析】

加工过程工艺精度管控不到位，仓储、运输温湿度控制未满足要求。

【处理措施】

使用新的绝缘筒。

案例 37　换流变压器角环 R 处折痕疑似开裂

【案例描述】

某工程换流变压器 R 处折痕疑似开裂。

【案例分析】

绝缘材料制作过程工艺控制、温/湿度控制等原因。

【处理措施】

对折痕明显的角环进行了湿润后拆解，此处纤维连续无断裂，折痕对产品性能无影响，可正常使用。

案例 38　换流变压器打包物料不满足图纸要求

【案例描述】

某工程换流变压器器身下部绝缘端圈共 4 层，第 4 层图纸设计无开孔，实际到货物料有开孔。

【案例分析】

供应商生产制作时图纸审核不到位。

【处理措施】

经厂家技术评估，决定在开孔处加绝缘纸板封堵。

案例 39　换流变压器网侧绕组角环起层

【案例描述】

某工程换流变压器网侧绕组角环有 9 件分层问题。

【案例分析】

供应商制作问题。

【处理措施】

对存在质量问题的角环作报废处理，重新制作。

案例 40　换流变压器网出线装置树脂脱落

【案例描述】

某工程换流变压器网出线装置烘烤后均压球端口内部环氧树脂胶脱落。

【案例分析】

供应商制作问题。

【处理措施】

以往工程类似产品均未设计该结构，将此处环氧树脂去掉、清理，整体去除环氧树脂后不影响整体绝缘性能。

案例 41 换流变压器磁分路盖板开裂

【案例描述】

某工程换流变压器柱 1 上部调压侧磁分路盖板开裂。

【案例分析】

放置过程中受潮收缩造成。

【处理措施】

重新制作予以更换。

案例 42 换流变压器阀侧引线屏蔽管尺寸错误

【案例描述】

某工程换流变压器阀引线屏蔽管连接时，发现屏蔽管尺寸不符合图纸要求，不能正常连接。

【案例分析】

供应商提供的阀出线屏蔽管尺寸错误。

【处理措施】

重新制作提供，重新安装符合要求。

案例 43 换流变压器阀侧交流外施耐压试验放电

【案例描述】

某工程换流变压器阀侧交流外施试验，施加电压 941kV 持续至 27min 时，电压突然降至 85kV，同时听到变压器放电响声，取油样结果显示阀 b 升高座乙炔 37.12μL/L、阀 a 升高座乙炔 2.45μL/L。

排油检查发现阀 b 套管下瓷套开裂，检查阀侧升高座无异常。

【案例分析】

分析为套管质量问题。

【处理措施】

更换阀 b 套管及升高座后试验通过。

案例 44 换流变压器阀侧交流外施试验故障

【案例描述】

某工程换流变压器阀侧外施交流耐压试验，施加电压到 250kV 时出现局部放电，继续施加试验电压至 600kV 时，阀 a 局部放电量 2400pC、阀 b 局部放电量 500pC，油色谱无异常。

【案例分析】

柱 2 阀侧绕组上端部绝缘缺陷。

【处理措施】

根据试验及故障排查情况，将阀 2 绕组由上部静电环（不包括静电环）至压板（不包括压板）之间端圈、角环进行更换，并重新进行器身干燥、总装配及试验（进行全部试验项目）。复试试验通过。

案例 45　换流变压器阀侧套管防爆筒未填阻燃材料

【案例描述】

某工程换流变压器阀侧套管防爆筒与套管金属件之间没有按要求充填阻燃材料。

【案例分析】

阻燃材料还没有到厂，临时安装防爆筒。

【处理措施】

材料到厂后及时加装。

案例 46　换流变压器局部放电超标网侧绕组静电板与角环处部位有放电痕迹

【案例描述】

某工程换流变压器正式局部放电试验，进行 $1.7U_\mathrm{m}/\sqrt{3}$ 电压结束后，第二阶段 $1.5U_\mathrm{m}/\sqrt{3}$ 电压网侧局部放电量 15pC，阀侧局部放电量 40pC。$1.5U_\mathrm{m}/\sqrt{3}$ 电压进行到约 21～22min 时，网侧局部放电量 300～500pC，阀侧局部放电量 40pC，铁芯局部放电量 65pC、夹件局部放电量约 97pC，网侧局部放电量出现异常、超标。解体检查发现柱 1 网侧绕组静电板与角环处部位有放射性放电痕迹。

【案例分析】

（1）生产过程中引入了污染物，导致试验过程中发生放电，污染物可能来源于绝缘加工过程以及绕组装配过程。

（2）端圈绝缘垫块材质存在缺陷，内部放电起始导致试验故障。

（3）器身干燥处理未干燥处理彻底。

【处理措施】

已拆卸的部件逐件检查，更换解体及放电导致的损伤、污染的绝缘件。

案例 47　换流变压器阀侧交流外施局部放电超标

【案例描述】

某工程换流变压器阀侧交流外施耐压试验出现局部放电超标问题：

（1）施加电压 720kV 约 10min 后阀侧局部放电量突然从 90pC 增加到 2000pC。

（2）再次施加电压至 350kV 时阀侧局部放电量达到 100pC，对该台进行再次热油循环处理。

（3）再次施加电压至 350kV 时局部放电量 200pC、400kV 时局部放电量 300pC、500kV 时局部放电量增加到 600pC。

器身解体检查发现柱 1 阀侧绕组外径下部第 9 挡支撑垫块与其内侧相邻角环之间放电。对放电起始处的支撑垫块进行分层解剖，检查内部存在放电痕迹，但痕迹较浅。

【案例分析】

（1）第一次故障后返修前脱油不彻底，如绕组厚绝缘在返工过程中吸潮，少数部位厚绝缘可能发生局部不易干燥彻底的现象。

（2）怀疑为绝缘材料分散性导致。

【处理措施】

该台换流变压器后续对柱 1、柱 2 阀侧绕组及其绝缘系统进行全面的检查，并更换两柱绕组上端部、下端部绝缘及阀侧绕组围屏、撑条等。返修完成后试验通过。

案例 48　换流变压器套管导电杆部位材质发黑

【案例描述】

某工程换流变压器套管检验时，发现阀侧套管法兰加强筋边缘有压痕变形，网侧套管导电杆部位材质发黑。

【案例分析】

（1）操作者起吊套管时，吊环位置未放正，加上套管加强筋是铝合金材质偏软，造成加强筋边缘有压痕变形。

（2）网侧套管导电杆受潮氧化造成的材质变黑。

【处理措施】

套管厂家派人对问题套管进行处理，用磨具打磨凹凸面，使其光滑；用酒精和百洁布对氧化黑斑进行清除。

案例 49 换流变压器网侧组合导线存在明显色差

【案例描述】

某工程换流变压器网侧柱Ⅱ绕组绕制中，发现组合导线的耐热纸和其他导线存在明显色差。

【案例分析】

制造厂品控原因造成颜色差异较明显。

【处理措施】

导线厂家出具书面证明材料，色差不影响产品质量。

案例 50 换流变压器预局部放电超标绝缘成型件有微小黑点

【案例描述】

某工程换流变压器预局部放电试验局部放电超标，激发后降至 $1.5\,U_\mathrm{m}/\sqrt{3}$ 持续至 45min 时网侧局部放电量 80～130pC，且随排查过程的多次加压，局部放电量出现时间缩短（45min→9min）、熄灭电压降低（$0.6\,U_\mathrm{m}/\sqrt{3}$→$0.3\,U_\mathrm{m}/\sqrt{3}$）。进行工艺处理后再次试验，$1.7\,U_\mathrm{m}/\sqrt{3}$ 持续至 25s 时网侧局部放电量达到 3000pC，降至 $1.5\,U_\mathrm{m}/\sqrt{3}$ 持续 2min 后局部放电量突然涨至 10000pC，试验后出现 0.13μL/L 乙炔。解体检查除个别绝缘成型件和静电板表面绝缘皱纹纸有微小黑点外，未见明显放电点。

【案例分析】

分析为绝缘材料局部缺陷或工艺处理不到位导致。

【处理措施】

更换两柱绕组上端部全部绝缘件。

案例 51 换流变压器预局部放电超标调压绕组放电

【案例描述】

某工程换流变压器前期预局部放电超标问题修复后再次复试预局部放电发生放电，电压升至 $1.2\,U_\mathrm{m}/\sqrt{3}$ 时网侧局部放电量突然增加，随后降压排查，再次加压至 $0.7\,U_\mathrm{m}/\sqrt{3}$ 时出现局部放电，$1.0\,U_\mathrm{m}/\sqrt{3}$ 时放电量超过 10000pC，定位时在网侧箱壁偏左的位置可听到变压器内部有明显的较为密集的吱吱的放电声，试验后上部乙炔 38.64μL/L。

（1）解体柱 1 调压绕组，上端绝缘筒及角环有明显的放电现象。

（2）检查上端静电环小头靠近内径侧位置有明显击穿点，紧贴静电环的角环也有明显放电痕迹。

（3）对静电环进行解体检查，绝缘皱纹纸及外层铝箔纸有放电烧蚀痕迹，内层铝箔屏蔽纸无异常，静电环绝缘骨架无异常。

（4）调压绕组绝缘成型筒外侧沿出头位置左侧及右侧圆周多挡撑条与绝缘筒之间有明显的爬电痕迹，绝缘筒上部紧贴锁紧端圈位置有多处放电痕迹。

【案例分析】

调压绕组上端静电环内径侧位于绕组出头开口处的小头端加工有质量缺陷，造成在高电压下电场集中导致放电。

【处理措施】

（1）重新绕制柱1、2调压绕组并更换其外侧和端部所有绝缘件，更换柱1网侧绕组与调压绕组间绝缘纸筒及撑条等绝缘件。

（2）更换柱1网侧绕组上端静电环和内侧绕制用绝缘件，更换柱2网侧绕组内侧绕制用绝缘件。

（3）更换拆除过程中个别损坏的绝缘件。复试通过。

案例52　换流变压器阀外施耐压试验局部放电超标

【案例描述】

某工程换流变压器进行阀外施耐压试验，当进行到30min左右时发生局部放电量超标，最大局部放电量在电压为940kV时可达1300pC。二次升压至600kV时出现局部放电，升至780kV时局部放电量可达600～800pC，随后很快达到2000pC以上。排除外部因素情况后三次、四次升压，与二次情况相近。经热油循环处理后阀外施复试，同时进行定位，电压升到310kV出现放电信号，阀a局部放电量100pC，阀b局部放电量200pC，与之前情况基本一致；电压升到710kV，阀a局部放电量2000pC，阀b局部放电量3000pC；降压到630kV，阀a局部放电量100pC，阀b局部放电量200pC；保持630kV电压进行定位，经过多次更换定位点，在网侧高压升高座对应下部区域发现超声信号，油色谱中出现乙炔。

【案例分析】

通过对放电区域的角环、纸板解剖剥离分层检查，发现角环、纸板内层均有放电和爬电痕迹，分析该台换流变压器阀侧交流外施放电故障原因为角环、纸板质量缺陷导致。

【处理措施】

更换柱1阀侧绕组绝缘预装和绝缘成套的所有绝缘件，只保留阀侧绕组上、下静电环和内纸筒。按照正常工艺进行复装，总装工艺处理后进行复试，试验通过。

第三节 生产工艺类问题

案例 1 换流变压器雷电冲击试验故障

【案例描述】

某工程换流变压器在进行阀 b 端子雷电冲击试验时，第二个 100% 截波的时候电流异常（a 端子已通过）。故障排查检测出微量乙炔且测量夹件对地绝缘电阻异常。测量夹件对地绝缘电阻测量结果见表 1-3-1。

表 1-3-1   测量夹件对地绝缘电阻测量结果

项目	试验前（MΩ）	雷电冲击试验后（MΩ）
CL（铁芯）→CC（夹件）+tank（油箱）	1010	3500
CL（铁芯）+CC（夹件）→tank（油箱）	9050	0.171
CC（夹件）→CL（铁芯）+tank（油箱）	943	0.174

【案例分析】

器身上定位聚酯绝缘板破裂。

【处理措施】

在原聚酯绝缘板的基础上增加绝缘材料（聚酯薄纸）。

案例 2 换流变压器直流极性反转试验故障

【案例描述】

某工程换流变压器直流极性反转试验结果不满足规范及标准要求，后进行阀交流外施试验进行排查，当施加电压在 903kV 时（试验考核电压 938kV）阀侧局部放电量超标。局部放电起始电压 420kV，熄灭电压 320kV。局部放电定位在柱 2 阀 a 绕组上端部位置。解体检查发现柱 2 阀侧绕组上端部角环、端圈存在放电痕迹，绕组检查无异常。

【案例分析】

电磁线的石蜡在器身干燥阶段污染了煤油气相干燥罐的煤油，导致前期制造产品上有石蜡以及十八酸存在，器身无法彻底浸油。

【处理措施】

更换全部绝缘件（除套管、升高座、开关、出线装置、油箱等）。

案例3　换流变压器换线焊接后存在短路情况

【案例描述】

某工程换流变压器网1绕组绕完第72段后，需要更换电磁线（72段为连续式、73段为内屏连续式，两者线规不同）。换线焊接结束后，按照工艺要求，继续绕制2段后，将线拉紧，使用100V绝缘电阻表测量后发现，绕组存在短路点。

【案例分析】

通过计算绕组电阻，初步确定短路点约在70～73段，判断对焊部分存在短路点。将绕组第73～74段拆除后，剥除换线焊接部分的外包绝缘，发现对焊电磁线并不是每一根都包扎绝缘，两层电磁线之间未放置垫纸，放置垫纸后重新使用绝缘电阻表测量，短路现象消失。

【处理措施】

将未包扎绝缘的对焊电磁线加包绝缘，并在两层电磁线间放置垫支纸。处理完毕后，继续绕制2段，拉紧后使用绝缘电阻表测量，未出现短路点。

案例4　换流变压器调压绕组柱2高度超差

【案例描述】

某工程换流变压器调压2绕组恒压干燥结束后，再次进行压装，压装后发现高度实测值1071mm（设计值为1065mm，要求公差范围0～+2mm），高度存在超差情况。

【案例分析】

网侧绕组及阀侧绕组在干燥结束后的压装整理工序，可通过调整油隙垫块来调整绕组高度，保证高度符合公差要求，本台产品调压绕组结构为双层层式绕组，无法通过调节油隙垫块高度来调整绕组高度。

【处理措施】

绕组组装时，将调压2绕组上部端圈最下层垫块下表面去薄3mm，下部端圈最上层垫块上表面去薄3mm。处理完毕后，进行绕组组装，调压绕组套装后，绕组高度符合设计要求。

案例5　换流变压器引线肢板与箱沿加强铁干涉

【案例描述】

某工程换流变压器器身预下箱时，发现铁芯下部定位圆钢与油箱最右端的下部定位件圆心偏离较为严重，在保证网、阀侧器身与箱壁距离满足设计要求的情况下，油箱下部定位件内的碗形木件与铁芯下部定位圆钢存在干涉现象，且调压侧上夹件引线肢板也与箱沿加强铁互相干涉，导致器身下箱存在困难。

【案例分析】

油箱下部定位件与网、阀侧距离公差符合油箱工艺要求、铁芯下部定位圆钢焊接尺寸也符合夹件加工工艺标准，但两者公差配合存在问题。由于本台产品开关为箱盖式结构，长轴方向分出部分区域用于开关装配，箱沿加强铁与器身部分距离较近，导致引线肢板与箱沿加强铁干涉现象出现。

【处理措施】

将引线支架固定螺母拆除后，对此引线支架固定肢板进行局部整形，使其前端部分向左偏移约5mm，将引线支架上端右侧切削处理。将油箱下部定位木件进行车削加工，保证定位圆钢在下箱后能够顺利进入。处理完毕后，器身已顺利箱并完成预装。

案例6 换流变压器铁芯下部导油管与盖板尺寸不配合

【案例描述】

某工程换流变压器安装铁芯下部导油盒引出管（缩醛材质），发现导油管与油箱盖板之间配合尺寸存在问题，导油管无法穿过箱壁盖板。

【案例分析】

此盖板开孔设计值为$\phi222mm$，实际尺寸为$\phi220mm$，因此导致无法装配。

【处理措施】

将此盖板按照设计尺寸重新加工。重新安装符合要求。

案例7 换流变压器油箱涂漆返工

【案例描述】

某工程换流变压器油箱涂漆结束，送往装配车间进行器身预下箱，后又将此油箱发回油箱喷漆车间进行涂漆返工处理。此台油箱面漆附着力不足，存在局部掉漆现象。

【案例分析】

本台油箱面漆所使用的固化剂存在质量问题，导致面漆附着力不足。虽然面漆各层厚度均满足工艺要求，但决定进行油箱涂漆返工处理。经调查本批存在质量问题的固化剂本项目仅用于此台产品，非共性问题。

【处理措施】

预下箱结束后，将此油箱进行涂漆返工处理，重新喷砂处理，去除原有漆膜重新涂漆。将此批固化剂进行报废处理。重新涂漆前，已制作样件，样件合格后再重新进行油漆涂装。

案例 8　换流变压器预局部放电超标压板浸油孔内不洁净

【案例描述】

某工程换流变压器进行预局部放电试验时，电压施加至 $1.2U_m/\sqrt{3}$ 出现异常局部放电：网侧局部放电量 1010pC、阀侧局部放电量 810pC、中性点局部放电量 470pC，熄灭电压约 $1.1U_m/\sqrt{3}$。为继续查找问题，电压施加至 $1.7U_m/\sqrt{3}$，网侧局部放电量 9000pC、阀侧局部放电量 14600pC、中性点局部放电量 7290pC；降低电压进行超声定位，定位位置在柱 2 压板上方附近，试验后乙炔 $0.03\mu L/L$。排油检查发现柱 2 网侧上压板有两处浸油孔存在异常：一处内壁有疑似放电痕迹、一处有尺寸为 4mm×8mm 的黄色塑料类异物及黑色痕迹。

【案例分析】

靠近柱 2 网侧上压板浸油孔内不洁净造成的放电。

【处理措施】

（1）更换定位区域的压装垫块及压板，对区域内的屏蔽管及屏蔽棒外绝缘进行更换。

（2）在原有措施基础上，增加清理吸尘的频次，对每项操作过程再次分析异物风险并制订有针对性的管控措施。复试试验通过。

案例 9　换流变压器长时感应电压试验局部放电超标

【案例描述】

某工程换流变压器进行长时感应电压试验，施加电压 $1.7U_m/\sqrt{3}$（800kV）30s 后（其间局部放电测量值约为网侧 30pC、阀侧 60pC），降压至 $1.5U_m/\sqrt{3}$（693kV），局部放电量测试值约为网侧 30pC、阀侧 60pC；$1.5U_m/\sqrt{3}$ 施压 16min 后，局部放电测量值激增为网侧 5500pC、阀侧 2200pC。此台产品长时感应电压试验之前所有绝缘试验项目均已顺利通过，其中包括短时感应耐压试验。

【案例分析】

工艺处理不到位。

【处理措施】

重新进行真空注油、热油循环、热冲、静放工艺处理，并采取加强工艺措施：①热冲作为常规流程；②热油循环颗粒度要求由不大于 1500 个/100mL 提升为不大于 1000 个/100mL；③静放时间由 48h 提升为 72h。经过重新真空注油、热油循环、热冲、静放处理后，复试试验通过。

案例 10 换流变压器绕组套装卡涩

【案例描述】

某工程换流变压器绕组组装（产品返修），阀 1 绕组套装过程中，绕组下落困难以致卡住无法落下。

【案例分析】

绕组组拆解检后停放时间较长，加上近期空气湿度较大，绕组及绝缘件（撑条受潮），导致配合过紧，绕组卡住无法落下。

【处理措施】

将所有绕组和撑条入炉干燥后再进行绕组组装，绕组干燥结束后套装。处理后问题解决。

案例 11 换流变压器阀侧套管注油过程中有气泡

【案例描述】

某工程换流变压器注油过程中，阀侧套管抽真空管道冒出少量气泡。

【案例分析】

初步分析为真空管与套管阀门接头漏气所至。

【处理措施】

产品本体排油至阀侧升高座以下 300mm 左右，对真空管与阀门接头之间增加卡箍并涂抹密封脂，产品再次抽真空至 50Pa 以下，维持时间不少于 24h 后真空注油。处理后问题解决。

案例 12 换流变压器现场异常产气及局部放电超标

【案例描述】

某工程换流变压器带电进行系统调试试验，试运行顺利通过。离线取样色谱分析时，该台换流变压器内部出现 $0.05\mu L/L$ 乙炔，一个月后乙炔含量为 $0.15\mu L/L$。

随后进行局部放电试验验证，施加 $1.5 U_m/\sqrt{3}$ 电压后降至 $1.3 U_m/\sqrt{3}$ 并持续 9min，网侧出现异常局部放电量 500pC。在监测过程中放电量有上升趋势，网侧放电量最大约 4000pC，大部分时间放电量约为 2400pC，此时阀侧放电量约 1000pC。加压约 20min 后确定为内部局部放电信号。进行声电联合局部放电定位，局部放电起始电压为 $0.8 U_m/\sqrt{3}$、熄灭电压为 $0.4 U_m/\sqrt{3}$，经过定位，初步确定变压器放电信号接近上铁轭部位。

进行内检发现柱 1 压板定位区域存在较多漆皮异物，柱 1 压装垫块、柱 2 压板、柱 2 压装垫块存在少量漆皮。

定位区域发现检查发现一处夹件屏蔽线松动，测量电阻 0.5Ω，拆除螺栓检查有轻微烧蚀痕迹。

【案例分析】

（1）夹件屏蔽线松动可能为运行中振动放电，导致产生微量乙炔以及局部放电排查试验时局部放电超标。

（2）压板上存在较多漆皮等异物，在电场作用下导致的集聚效应，可能为产生局部放电的原因之一。

【处理措施】

现场对夹件屏蔽线松动、漆皮异物等进行处理后，该台换流变压器后续进行抽真空、真空注油、热油循环及静放后重新开展全套交接试验。

案例 13　换流变压器调压绕组引线夹板变形

【案例描述】

某工程换流变压器调压引线在绕组下部出线处的夹板发生严重变形。

【案例分析】

（1）出线处的冷压接头位置不合理，正好在夹持处，包扎后难处理，造成夹持不均匀。

（2）夹板长度过长（700mm），强度不够造成变形。

【处理措施】

调压出线配制不够合理，导致引线配制完成后平整度不好，导线夹夹持并紧固后产生弧形变形，通过对引线及导线夹的调整，上述现象已基本消除，引线固定强度不会受到影响。

案例 14　换流变压器网侧操作冲击放电故障

【案例描述】

某工程换流变压器在进行第一次 100％ 网侧操作冲击试验时，电压波形跌落，同时变压器发出异常声响，试验后 0.5h 内取油样，本体上、中、下乙炔分别为 3.3、2.5、2.2μL/L，网侧升高座乙炔为 0.4μL/L。

（1）吊芯检查发现柱 1 调压绕组上部静电环调压侧区域有放电痕迹，与油色谱发展的情况基本一致（器身为铁芯—阀—网—调压结构，调压绕组故障位置浅、扩散快，试验故障后 0.5h 内即发现有乙炔）。

（2）解体检查发现柱 1 调压绕组上部公共静电环等位线绝缘击穿，露出内部连接引线，内层静电环盲端绝缘击穿，内部铜网局部损坏，测量公共静电环等位线绝缘搭接长度实测约 10mm，不满足工艺文件要求的 21mm，其余位置无异常。

【案例分析】

调压绕组公共静电环等位线绝缘搭接长度不足，等位线弯折角度较大，搭接位置绝缘松动或脱落，导致此处绝缘强度降低，进而致使网侧操作冲击击穿。

【处理措施】

（1）静电环等位线单边加包 1mm 绝缘。

（2）公共静电环等位线与内层、外层静电环间增加 0.5mm 绝缘纸板。

（3）加强此位置绝缘包扎质量的检查，设质量专检点进行互检并留存影像资料。复装后试验通过。

案例 15　换流变压器阀交流外施试验局部放电超标

【案例描述】

某工程换流变压器进行阀侧交流外施耐压试验时，电压加到 420kV（试验电压 481kV），阀 a 局部放电量 90pC、阀 b 局部放电量 1290pC，试验后油色谱无异常。

【案例分析】

工艺处理不到位导致。

【处理措施】

将产品油排净，重新进行真空、注油处理。复试试验通过。

案例 16　换流变压器短时感应耐压试验超标上部夹件铜屏蔽放电

【案例描述】

（1）首次试验：某工程换流变压器通过了温升、预局部放电、雷电和操作冲击、直流耐压和极性反转、阀外施交流耐压等出厂试验项目。进行短时感应电压试验，施加 $1.1 U_m/\sqrt{3}$（508kV）电压时，网侧局部放电量测量值 40pC，阀侧局部放电量测量值 50pC；电压升至 $1.5 U_m/\sqrt{3}$（693kV），约 1min 网侧局部放电量测量值升至 $1000\sim1500$pC，阀侧局部放电量测量值升至 $100\sim200$pC，停止加压。进行第二次定位时未出现放电脉冲，故进行了短时感应耐压、长时感应电压试验，试验中网侧局部放电量 70pC、阀侧局部放电量 80pC，与背景基本一致。转泵 10h，做油色谱乙炔含量 $0.12\mu L/L$。

（2）维修后复试：复试短时感应耐压试验，电压加至 900kV 后网侧局部放电测量值约 16000pC。电压降至 $1.5 U_m/\sqrt{3}$ 时，网侧局部放电测量值约 9000pC，阀侧局部放电测量值约 2000pC，局部放电超标，复试未通过。复试结束后距离首次故障 $39\sim40$h 取油样，显示变压器上部存在乙炔。

（3）第二次维修后复试：进行绝缘前短时感应耐压试验，施加 $1.45 U_m/\sqrt{3}$ 电压时网侧局部放电测量值大于 3000pC（峰值达到 10500 pC），阀侧局部放电测量值 700pC 以上（峰值 2400 pC）。取油样，显示变压器上、中、下部及网升高座均存在乙炔。

【案例分析】

（1）首次试验：分析为悬浮放电。

（2）维修后复试：内检发现柱 2 绕组上部夹件铜屏蔽、铜屏蔽外 Nomax 纸板、紧固螺栓屏蔽帽外绝缘均有放电痕迹。判断放电原因为螺栓紧固不到位导致悬浮放电。

（3）第二次维修后复试：根据试验情况和内检情况分析，局部放电测量值超标原因为柱 2 上端部悬浮放电所致。器身脱油处理，拆解上夹件及铁轭后逐层拆解柱 2 网侧绕组上部绝缘端圈及角环，发现靠近静电环的第二层绝缘角环中的一片立表面有放电痕迹。根据试验和检查情况综合分析，认为角环自身存在缺陷，导致局部放电试验不合格。

【处理措施】

采取以下处理方案：

（1）首次试验：拆除柱 2 上部压板和端圈等绝缘件，根据试验定位再次检查。

（2）维修后复试：更换紧固螺栓屏蔽帽，将铜屏蔽外 Nomax 纸板存在放电痕迹部分去除并以"打补丁"形式加以补强。

（3）第二次维修后复试：更换柱 2 整体绕组的角环及端圈等绝缘件。

处理结果如下：

（1）首次试验：已进行内检和吊芯检查，拆除柱 2 上部压板和端圈等绝缘件，未发现故障点，清理后回装。复试未通过。

（2）维修后复试：已按照方案处理完毕后，复试未通过。

（3）第二次维修后复试合格。

案例 17　换流变压器阀侧交流外施局部放电超标工艺

【案例描述】

某工程换流变压器阀侧交流外施耐压试验 2.2 端子局部放电超标（900kV 最大 600pC），进行 ACSD、ACLD 试验验证无异常。

【案例分析】

工艺处理不到位。

【处理措施】

经过排油内检，未检出明显故障。进行清洁处理，重新真空注油、热油冲洗、热油循环及静放后。复试试验通过。

案例 18　换流变压器铁轭硅钢片磕碰

【案例描述】

某工程换流变压器铁轭硅钢片出现磕碰。

【案例分析】

硅钢片边缘可能在硅钢片转运、存放时碰到或铁芯叠装过程中被铁质工装磕碰。

【处理措施】

对磕碰的硅钢片逐片进行了固定、复位，并在后续生产中做好防护工作。硅钢片经处理后片与片之间保持正常的间隙，没有搭片现象，符合工艺要求。

案例 19　换流变压器拉板、夹件质量不满足要求

【案例描述】

某工程换流变压器拉板表面不平整，有异物，夹件有明显磕碰、漆膜脱落。

【案例分析】

保护措施不到位，导致夹件在制造过程中受到磕碰，拉板在油漆过程中有异物飘落。

【处理措施】

拉板退回处理，受损夹件进行修复。修复完成，经检查满足工艺要求。

案例 20　换流变压器器身干燥后磁分路开裂

【案例描述】

某工程换流变压器器身干燥出炉检查发现柱 1、柱 2 上部磁分路侧面有开裂现象，长度 100～200mm 有 3 处，最大宽约 1.5mm，柱 2 上部磁分路侧面有 1 处长约 1000mm、宽约 0.5mm 的开裂。

【案例分析】

磁分路托板受潮，器身干燥过程中因为应力不均，导致开裂现象。

【处理措施】

（1）在开裂部位垂直方向采用间隔打铆钉加固。

（2）对于开裂部位进行打磨，保证表面光滑，无毛刺。处理后经联合检查，符合工艺要求。

案例 21　换流变压器阀侧套管包装箱破损

【案例描述】

某工程换流变压器进行装车发运作业，在装车过程中±400kV 阀侧套管与车板碰撞，包装箱局部破损，随即将套管箱转运至车间。对此套管进行开箱检测，试验数据对比无异常。

【案例分析】

装车管理存在问题。

【处理措施】

套管返回套管厂进行检查和试验，该支套管进行拆解检查内部，复装后再进行除直流试验外的全套出厂试验。

案例 22　换流变压器负荷增加之后异常产气

【案例描述】

某工程极 1 低端 YYC 换流变压器在负荷从 100％增加至 120％之后，油在线色谱分析显示总烃上升，变压器停运后 24h 后，离线油样色谱分析含有乙炔 0.95μL/L，CO 和 CO_2 无异常，三比值法数值为 022。在变压器监控试运行 200h 时，阀侧 2.2 处油中乙炔达到 17.88μL/L，变压器退出运行进行检查处理，阀侧绕组直流电阻值比出厂时增大 12.74％，证明载流回路连接异常；检查阀侧 2.2 引线 6 个连接端子中 1 个端子松动，连接异常未有效紧固，该接线端子过热变色，附近有污染痕迹。

【案例分析】

经检查确认，该端子连接螺栓为 M12×35，与图纸要求的 M12×25 不符，该螺栓紧固后不能完全旋入连接座套螺纹盲孔，以致该处位置的碟簧、垫圈、连接端子未能有效紧固。因该位置引线接触不良，在换流变压器大负荷运行后发生局部高温过热致油色谱异常。

6 个引线端子其中 1 个未能紧固到位，由于均压管空间较小，6 根引线受到约束，该未紧固到位的端子受引线扭力而卡翘在螺栓与连接套载流面之间，在镀层良好时端子部分与连接套有一定的有效接触面，在未过热损坏镀层前直流电阻值未有可发现的异常。当经过长时间负荷状态下的过热时，镀层损坏，接触失效，在最后测量阀侧绕组直流电阻值比出厂时增大 12.74％，与此对应。

【处理措施】

（1）剥除引线污染处的绝缘，用干燥的绝缘皱纹纸按图纸要求重新包扎引线，对引线连接位置、阀侧 2.2 套管、均压管内部等处进行了清理、检查确认，复装均压管、阀侧升高座和套管。按工艺要求进行真空解消、真空注油、热油循环和外围恢复。

（2）阀侧 2.2 接中间变压器高压首端，2.1 接中间变压器高压末端，按网侧 1.1 对地电压 $1.5U_m/\sqrt{3}$ 激发、$1.3U_m/\sqrt{3}$ 测量局部放电 60min 进行验证试验。

案例 23　换流变压器车间进水绕组浸泡

【案例描述】

某厂家换流变压器车间受暴雨影响，车间进水，积水最深处超过 600mm。检查发现某工程换流变压器绕组有被水浸泡情况。

【案例分析】

车间地势较低，暴雨造成积水倒灌车间且积水较深。

【处理措施】

对于浸水的绕组及绝缘件全部进行报废处理。

案例 24　换流变压器阀侧套管顶部阀门处垫片及弹簧缺失

【案例描述】

某工程换流变压器阀侧 2.2 套管 SF_6 充气时，顶部阀门处垫片及弹簧缺失。

【案例分析】

经用内窥镜检查，在套管内部发现弹簧（已取出），但未找到垫片。

【处理措施】

经再次检查，发现垫片，并从套管内部顺利取出，顺利完成出厂试验。

案例 25　换流变压器调压内纸筒起鼓

【案例描述】

某工程换流变压器绕组组柱 2 干燥出炉后调压绕组内纸筒起泡。

【案例分析】

纸筒存在受潮情况，在干燥过程中导致纸板起鼓。

【处理措施】

剔除问题纸筒，使用新的纸板围制纸筒，将有问题的纸筒换掉。更换后的调压绕组内径平均值均为 1421.5mm，设计值为 1422mm，偏差符合 0～－2mm 要求。

案例 26　换流变压器温升试验产乙烯

【案例描述】

某工程换流变压器 1.0 倍标称容量温升试验过程中存在持续产生乙烯现象，至试验结束时乙烯最大 $0.69\mu L/L$，1.1 倍标称容量温升试验后乙烯最大 $0.77\mu L/L$、1.2 倍标称容量温升试验后乙烯最大 $1.06\mu L/L$。

【案例分析】

铁芯夹件结构件存在紧固不到位，温升试验时局部过热产生乙烯。

【处理措施】

在现场安装前内检时，由厂家安排专业人员对拉螺杆和上夹件间短接铜排的固定螺栓，以及上、下夹件间短接电缆的固定螺栓情况再次检查、紧固，确保产品在现场运行中不会出现产气问题。

案例 27　换流变压器联管法兰开槽错误

【案例描述】

某工程换流变压器总装配时，发现有载开关与开关储油柜之间联管法兰开槽错误，导致联管无法安装。

【案例分析】

在制造过程中，联管法兰焊接错误造成。

【处理措施】

重新焊接法兰。

案例 28　换流变压器阀侧套管法兰存在勒痕

【案例描述】

某工程发现 8 只换流变压器阀侧套管法兰吊点处存在损伤问题，套管下部法兰吊点处有明显凹陷（勒痕）损伤。

【案例分析】

此问题是由于吊运不当造成。

【处理措施】

供应商派人对凹陷位置进行处理，并对后续套管吊装方式进行改进，改换个大夹环吊具，防止类似问题发生。

案例 29　换流变压器箱沿热点温升超标

【案例描述】

某工程换流变压器按照厂工艺流程要求先进行温升试验后→热油循环→静放→出厂试验。进行 1.0 倍标称容量下温升试验（环境温度 33℃）：

（1）第一次施加额定电流 1466A（1.0 倍标称容量下等效电流）并维持一段时间，油箱最热点为箱沿铜排位置约 90℃。电流施加至 1750A（1.19 倍额定电流）约 20min 后，网侧中间位置上箱沿铜排温度升至 106.7℃，对应侧温度升至 89.8℃，超协议要求值（协议≤71K）。

（2）分别在两侧增加短接铜排。电流升至 1755A 约 8min 温度上升至 106℃，10min 温度上升至 126.8℃。

（3）由于油箱结构件温升过热，为防止过高的温度对变压器油产生影响，因此温升试验暂停。试验前后油样正常。

【案例分析】

（1）铜排与箱沿、螺栓的接触面处理不到位。

（2）铜排厚度规格不足等原因导致。

【处理措施】

铜排规格加大、对铜排接触面去漆及平整、规定安装力矩等措施后，复试试验通过。

案例30　换流变压器温升试验产气

【案例描述】

某工程换流变压器进行温升试验，开始2.5h施加等效额定电流1545A，测量结构件温升无问题，但上部油样中产生0.12μL/L乙炔，中、下部为0.1μL/L。继续施加1.0倍标称容量总损耗，稳定12h，测量顶层温升，降至等效额定电流，测量绕组平均温升和热点温升，温升均合格。但油样中乙炔、甲烷、乙炔和总烃有增长趋势，乙炔最大为0.81μL/L。初步分析为大电流载流区域引线紧固件可能存在接触不良或等位线多点接地引起环流造成。

对铁芯拉带检查时，发现网引线区域的铁芯上铁轭窗外侧的2根拉带两端有烧灼痕迹，其他位置的拉带未发现异常。

【案例分析】

三根拉带均在网引线经过区域，由于螺栓与拉带固定板表面紧固不到位，并且紧固后螺栓和孔之间可能存在偏心配合，导致接触电阻较大，在上铁轭窗外侧拉带固定板与夹件腹板之间空隙形成的环形回路中的感应电流作用下，导致接触位置发热，产生乙炔和乙烯等特征气体。

【处理措施】

将上铁轭柱间三根窗外侧拉带的螺栓用绝缘件与拉带固定板绝缘，保证每根拉带只有一个金属螺栓与夹件进行电气连接，按图纸要求紧固，紧固力矩不小于140N·m，并对螺栓、拉带固定板的接触面之间进行检查，确保接触可靠。复试试验通过。

案例31　多台换流变压器温升试验产生乙烯

【案例描述】

某工程HY4换流变压器1.0倍标称容量温升试验后出现0.23μL/L乙烯、0.68μL/L总烃，HD3换流变压器1.0倍标称容量温升试验后出现0.33μL/L乙烯、1.13μL/L总烃，HD4换流变压器1.0倍标称容量温升试验后出现0.74μL/L乙烯、2.82μL/L总烃，HD5换流变压器 1.0 倍标称容量温升试验后出现 0.96μL/L 乙烯、2.27μL/L 总烃，HY6 换流变压器 1.0 倍标称容量温升试验后出现 15μL/L 乙烯、28.13μL/L 总烃。

【案例分析】

铁芯夹件结构件存在紧固不到位，温升试验时局部过热产生乙烯。

【处理措施】

（1）HD5 换流变压器排油后拆卸附件（套管、升高座等），吊盖检查器身等位线紧固件情况，对夹件所有部件进行紧固处理后复装。施加 1.0 倍标称容量总损耗等效负载电流保持 12h，每 1h 时进行油样检测，复试试验通过。

（2）HD4 换流变压器温升试验时出现最大 0.74μL/L 乙烯，待完成绝缘试验后，对上部窗外侧拉带紧固并进行 12h 1.0 倍标称容量负载电流试验验证，复试试验通过。

（3）HY4 换流变压器温升试验时出现最大 0.23μL/L 乙烯，在出厂试验后进行了器身所有结构件的紧固处理，可按计划发运。

（4）HD3 换流变压器温升试验时出现最大 0.33μL/L 乙烯，按工艺方案对器身所有结构件进行紧固处理后发运。

（5）HY6 换流变压器待完成绝缘试验后，对器身检查及处理，复试温升试验通过。

案例 32　换流变压器油箱阀侧法兰密封面划伤

【案例描述】

某工程换流变压器油箱阀侧法兰密封表面有划伤。

【案例分析】

生产员工在吊运物件时，未注意物件间吊运安全距离导致磕碰损伤。

【处理措施】

对法兰未损伤处做好防护，对已损伤处进行打磨处理，然后对伤口处进行补焊、打磨抛光处理。处理后手摸光滑无凹凸感，符合技术质量及工艺要求。

案例 33　导线绝缘破损

【案例描述】

某工程换流变压器网侧Ⅱ柱绕组绕制，发现第 9 饼换位处导线绝缘有破损现象。

【案例分析】

据现场分析，导线运输过程因防护不到位，导线外包绝缘破损。

【处理措施】

操作人员现场用耐热皱纹纸对导线绝缘破损部位加包 3 层绝缘纸，恢复导线绝缘，经工艺、质量人员确认符合工艺要求。

案例 34　换流变压器铁芯局部生锈

【案例描述】

某工程换流变压器器身装配发现，铁芯下铁轭装配绝缘件下铁轭硅钢片局部有生锈现象。

【案例分析】

据现场分析，由于防护不到位，操作者无意接触留下汗渍，再加之近期雨水较多、湿度过大而引起。

【处理措施】

操作人员现场用清洁布包裹新鲜柠檬擦拭，有效去除锈迹，经质量人员确认合格。

案例 35　换流变压器中性点套管油中部分擦痕

【案例描述】

某工程换流变压器中性点套管装箱检查时发现套管油中部分有一圈擦痕。

【案例分析】

初步分析是因为套管下部与 TA 固定板摩擦所致。

【处理措施】

套管厂家认为套管的擦痕部位仅仅是表面的漆被 TA 刮了，套管的漆膜很厚且结实，因此不会磨坏，提出：

（1）用百洁布把该区域仔细磨一下，然后用酒精擦洗。

（2）为避免发生重复的问题，确保 TA 被固定良好，TA 不相对于套管底部发生移动，且 TA 与套管底部固定板对中，确保制造公差不影响 TA 与套管之间的间隙。

换流变压器厂家先用百洁布进行轻微打磨，后用酒精擦洗，经工艺及质检部门与监造联合检查符合要求，允许装箱。

案例 36　换流变压器阀侧出线装置检查发现绝缘破损

【案例描述】

某工程换流变压器阀侧 b 出线装置进行发运前吊检时，发现出线装置边缘绝缘有破损现象。

【案例分析】

根据现场情况初步判定是由于出线装置运输筒内部固定结构缺陷，导致出线装置装入时造成破损。

【处理措施】

绝缘修复后再次回装时，采用增加引导纸板来解决此问题。

案例37　换流变压器预局部放电试验局部放电超标油循环处理

【案例描述】

某工程换流变压器进行预局部放电试验时，局部放电超标，试验不合格。对换流变压器再次放气并检查网侧套管油位确认无异常后，再次进行复试，仍无明显改善。第三次进行局部放电试验，起始电压仍在 $0.7U_m/\sqrt{3}$ 电压左右，放电量基本和上次一样，$1.5U_m/\sqrt{3}$ 电压下的局部放电量基本维持在 250pC 左右。

【案例分析】

网侧升高座抽真空或油循环处理不到位造成。

【处理措施】

由于局部放电量较小且油色谱无异常，重新进行抽真空注油和热油循环处理，静放后再次进行局部放电试验。经工艺处理后，试验通过。

案例38　换流变压器预局部放电试验超标工艺处理

【案例描述】

某工程换流变压器预局部放电试验，施加 $1.5U_m/\sqrt{3}$ 电压时局部放电量：网侧为 50pC、阀侧 30pC、铁芯和夹件 250pC，60min 时网侧 50～220pC、阀侧 30pC、铁芯和夹件 150pC，网侧局部放电量呈上升趋势。

【案例分析】

网侧升高座抽真空或油循环处理不到位或油中含气量不满足要求（＜1％），造成局部放电。

【处理措施】

重新进行抽真空注油和热油循环处理，静放后重新进行试验。经重新进行总装工艺处理后，试验通过。

案例39　换流变压器短时感应耐压试验试验调压引线放电

【案例描述】

某工程换流变压器进行短时感应耐压试验，施加电压至 $0.9U_m/\sqrt{3}$ 时，局部放电量异常，同时换流变压器内部有异常声响；增加测量网中性点、阀侧末端局部放电信号，并进行超声定位，故障位置在分接开关中部引线附近，试验后油中含有 $0.3\mu L/L$ 乙炔。内检发现调压引线 15 分接和 16 分接之间发生放电。

【案例分析】

（1）产品设计结构非常紧凑，与油箱之间的间隙很小且在交流感应耐压试验时（额定分接下），两分接引线（15 分接与 16 分接）间的电位差相当于调压绕组首末端电位差，而引线间距过小，造成放电。

（2）工艺管控不足，导致紧凑空间内引线间绝缘距离过小，并且无相应措施对引线进行固定和分隔，最终造成产品放电。

【处理措施】

将放电处附近的电缆绝缘去除，重新包扎绝缘，两根电缆之间用绝缘筒隔开，并进行绑扎固定，同时对其他引线电缆进行检查，处理完成重新真空注油。复试试验通过。

案例 40　换流变压器油箱内磁屏蔽漆膜脱落

【案例描述】

某工程换流变压器油箱内磁屏蔽多处漆膜脱落。

【案例分析】

磁屏蔽制作完成后，按工艺要求表面涂刷树脂定型。因树脂表面光滑，为增加漆膜的附着力，在喷漆前，应对树脂表面进行处理，增加其表面粗糙度。根据漆膜脱落情况，初步判断脱落原因为树脂表面处理不到位，致使漆膜的附着力不足所致。

【处理措施】

检查磁屏蔽漆膜，对有脱落或松动迹象的部位漆膜进行铲除。铲除过程中，不应大力铲除，避免磁屏蔽受损，用百洁布蘸酒精对脱落部位进行清洁，同时应及时清理清除下来的漆膜。去除漆膜工作结束后，用面团对磁屏蔽及油箱表面进行清洁。

案例 41　换流变压器阀侧套管油中部分划痕

【案例描述】

某工程换流变压器试验完成后，拆卸阀侧套管及升高座时发现 2 只阀侧套管油中位置均有划痕。

【案例分析】

套管漆层材质脚较软，并且套管与 TA 托板之间间隙较小，套管在安装和拆除过程中，受行车操作因素，导致套管油中部分与托板接触，产生轻微划痕。

【处理措施】

与套管厂家进行沟通，确认此种现象的划痕对套管产品质量无影响，可以正常使用。

后续将采取如下预防措施：

（1）在套管安装前及套管拆除时，使用 0.5mm×250mm×700mm 压光纸板临时防护，避免与升高座 TA 托板接触擦伤。

（2）套管安装及拆除吊装过程中，特别是套管油中部分圆柱形区域进入升高座法兰后，以及套管圆柱形区域离开 TA 托板位置前，严格控制行车/吊车位移速度，进行点动平稳操作。

（3）套管拆除检查套管拆除后，清理油迹，检查套管表面有无划痕，如有划痕应联系供应商进行专业处理。

案例 42　换流变压器长时感应电压试验局部放电异常

【案例描述】

某工程换流变压器长时感应电压试验，施加 $1.7U_m/\sqrt{3}$ 电压后降压至 $1.5 U_m/\sqrt{3}$ 时，出现干扰局部放电：网侧122pC 左右、阀侧46pC 左右、铁芯52pC 左右、夹件56pC 左右。排查线路、清理和更换网侧套管均压环后，再次试验时仍有干扰。

【案例分析】

局部存在窝气或浸油不到位。

【处理措施】

暂停长时感应电压试验，进行长时空载试验，静放 2 天后复试长时感应电压试验通过。

案例 43　换流变压器预局部放电试验超标定位钉玻璃纤维板有放电痕迹

【案例描述】

某工程换流变压器进行预局部放电试验，合闸后背景：网/阀：10pC/35pC，试验电压 $1.1 U_m/\sqrt{3}$ 出现少量闪烁局部放电信号：网侧 60pC、阀侧 180pC、铁芯 200pC、夹件 150pC。升压 $(1.3\sim1.5) U_m/\sqrt{3}$ 局部放电信号闪烁加强，网侧 $60\sim70$pC、阀侧 $180\sim280$pC、铁芯 $200\sim300$pC、夹件 $150\sim200$pC，熄灭电压 $0.6 U_m/\sqrt{3}$ 电压。试验暂停。

【案例分析】

检查油箱上部器身定位钉绝缘，发现中部第五定位钉位置 3mm 玻璃纤维板有放电痕迹。

【处理措施】

检查所有定位钉，更换密封橡胶圈，更换定位钉损坏 3mm 环氧板，共 20 个定位钉增加一张 0.5mm 绝缘纸板进行绝缘加强。要求以后生产换流变压器定位钉均增加一张 0.5mm 绝缘纸板进行加强绝缘。预局部放电试验复试通过。

案例 44　换流变压器阀侧绕组幅向尺寸超标

【案例描述】

某工程换流变压器阀侧绕组开工绕制，现场检查绕组幅向高度超出图纸要求，图纸幅向要求 100mm，实际测量幅向 103～104mm，阀侧绕组绕制暂停。

【案例分析】

（1）导线外形尺寸接近工差超差范围。

（2）导线硬度过硬导致导线间贴合度不好。

【处理措施】

重新生产导线。

案例 45　换流变压器绕组端部绝缘筒变形开裂

【案例描述】

某工程换流变压器阀侧绕组在装配上端部成型绝缘件时，由于间隙过紧，在使用辅助工具撬装角环时，因操作不当造成 5mm 厚的绝缘筒上端发生一处深约 70mm、宽约 100mm 的变形开裂。

【案例分析】

绕组干燥后受潮致间隙过紧，在用辅助工具撬绝缘筒安装角环时，操作不当造成绝缘筒上端口变形开裂。

【处理措施】

在绕组在干燥处理前对硬纸筒变形部位用 F 形夹进行夹紧复原处理，进炉后缓慢加温至120℃，经过 25h 干燥处理，使变形位置均匀受热复原。绕组出炉后经工艺、质量人员检查确认变形处复原后符合质量要求。

案例 46　换流变压器铁芯表面有污渍

【案例描述】

某工程换流变压器铁芯端面有污渍。

【案例分析】

硅钢片来料时有的端面局部小面积有生锈现象。

【处理措施】

操作者按照技术上要求采用柠檬汁除锈，并立即用无水酒精擦拭干净。

案例 47 换流变压器铁芯有翘片现象

【案例描述】

某工程换流变压器铁芯有翘片现象。

【案例分析】

铁芯叠装后，需要用钢丝拉带进行绑扎收紧铁芯，在收紧过程中，垫钢丝拉带的绝缘垫片，随着拉力方向松动，偶尔出现铁芯棱面受力造成翘片。

【处理措施】

用绝缘垫块靠紧翘片，沿着铁芯纵面轻轻敲绝缘垫块，进行校正。校正后的铁芯满足工艺要求。

案例 48 换流变压器阀侧套管磕碰

【案例描述】

某工程换流变压器阀侧套管法兰处有明显磕碰划伤痕迹，并在现场查找出明显的碎屑物。

【案例分析】

由于套管吊运时使用的是铁环吊具，此套管的吊扣不在中间位置，吊运时造成套管法兰边沿磕碰划伤。

【处理措施】

厂家对套管磕碰地方进行修补。

案例 49 换流变压器铁芯钢拉带附件级间出现缝隙

【案例描述】

某工程换流变压器铁芯套完绕组压紧后，铁芯钢拉带附件，级间出现约 8mm 缝隙，严重影响产品质量。

【案例分析】

铁芯套绕组完成后、压装绕组高度时，由于受力不匀，造成铁芯级间开裂现象。

【处理措施】

制造厂对问题部位进行修复。微松钢拉带两旁螺母，用千斤顶反方向用力，使缝隙减小，满足工艺要求偏差不大于 2mm。处理完成后符合工艺要求。

案例 50 换流变压器网侧套管倾斜

【案例描述】

某工程换流变压器在总装配过程中，发现网侧套管及升高座向油箱长轴中心方向倾斜约

1°，不符合工艺要求。

【案例分析】

由于箱盖上部压紧装置处调节纸板放置厚度不够，油箱在抽真空时箱盖中部局部平整度不够，导致升高座向油箱中心倾斜。

【处理措施】

换流变压器热冲结束后，进行处理。

案例 51 换流变压器铁芯防护

【案例描述】

某工程换流变压器铁芯下轭表面有污渍和少量浮锈。

【案例分析】

铁芯叠装、起立、绑扎固定过程中因防护不当，手套汗渍接触到铁芯表面造成污渍后产生浮锈。

【处理措施】

（1）要求叠装过程中保持手套清洁干燥。

（2）对发现有污染的地方及时清理防护。

（3）对已经污染部位用无水酒精清理，热风吹干后用绝缘纸覆盖。

清理过的铁芯用绝缘纸，塑料薄膜进行保护。

案例 52 换流变压器铁芯工装设计不合理

【案例描述】

某工程换流变压器厂家的成品硅钢片 C 形吊架托齿太窄，在成品硅钢片转运过程中造成硅钢片产生压痕，致使铁芯叠装完成后收紧困难，造成铁芯接缝。

【案例分析】

硅钢片 C 形吊架结构设计不合理，托齿太窄。

【处理措施】

对吊架工装进行改进，在 C 形吊架底部加装钢板衬垫，试用后发现钢板与硅钢片的摩擦系数太小，转运过程中存在一定风险，后改用 10mm 厚的聚氨酯板效果良好。硅钢片不与托齿直接接触，受力均匀，压痕消除。

案例 53 换流变压器阀屏蔽管不满足图纸要求

【案例描述】

某工程换流变压器引线装配工序，阀 a 屏蔽管插入距绕组根部，图纸要求（35±5）mm，实际插入距离是（50±15）mm。

【案例分析】

绕组出头中心与出线角环中心装配存在偏差，造成出线铝管装配不到位。

【处理措施】

调整阀侧绕组出头，在出线铝管端部打蜡，装配完成后，满足要求。

案例 54　换流变压器柱 2 调压绕组硬纸筒破损

【案例描述】

某工程换流变压器器身装配前，检查调压柱 2 绕组发现内侧硬纸筒（5mm 厚）有破损。

【案例分析】

绕组装配过程中操作或防护不当。

【处理措施】

现场用内窥镜查看硬纸筒破损处内部绕组绝缘无损伤，此绕组重新绕制，硬纸筒、电磁线重新采购。

案例 55　换流变压器预局部放电试验超标升高座工艺处理

【案例描述】

某工程换流变压器进行预局部放电压试验，试验进行到 27min 左右时出现干扰，$1.5\,U_\mathrm{m}/\sqrt{3}$ 电压下网侧出现闪烁局部放电信号 $170\sim280$pC，35min 时局部放电量：网侧 280pC、阀侧 56pC、铁芯 20pC、夹件 35pC、熄灭电压 15.8kV。二次升压至 $1.5\,U_\mathrm{m}/\sqrt{3}$ 持续 20s 时出现干扰，局部放电量：网侧 220pC、阀侧 60pC、铁芯 20pC、夹件 35pC。降压 14.4kV 熄灭。三次升压至 15.kV 干扰出现，网侧局部放电量 90pC、阀侧局部放电量 40pC、阀头侧局部放电量 60pC，升压至 $1.5\,U_\mathrm{m}/\sqrt{3}$，网侧局部放电量增大 350pC，熄灭 12.7kV，停止试验。

【案例分析】

升高座绝缘件浸油不足或有气体。

【处理措施】

对升高座进行热油冲洗，循环 24h，静放 24h，总装工艺处理后再进行复试。经过总装工艺处理后预局部放电复试通过。

案例 56　换流变压器预局部放电试验垫块沿层间爬电

【案例描述】

某工程换流变压器进行预局部放电试验，施加电压 $1.7\,U_\mathrm{m}/\sqrt{3}$ 结束后，降压至 $1.5U_\mathrm{m}/\sqrt{3}$

43

约15min出现局部放电信号，网侧局部放电量1600～2000pC、阀侧局部放电量330pC、"铁芯＋夹件"局部放电量150pC。熄灭电压$0.7U_m/\sqrt{3}$，取油样进行色谱分析，油样结果正常。下午复试，试验电压$1.0U_m/\sqrt{3}$时出现局部放电信号，电压升至$1.2U_m/\sqrt{3}$时，网侧局部放电量750pC、阀侧局部放电量600pC，熄灭电压$0.6U_m/\sqrt{3}$，油样结果上部乙炔含量为$0.47\mu L/L$，中下部无乙炔。

解体检查发现网2绕组在最上面一层端圈第16挡上的垫块下表面有放电痕迹，相邻的角环和垫块上有放电点，同时对应调压绕组外层围屏击穿，剖开垫块有沿层间爬电现象。

【案例分析】

垫块材质存在缺陷或使用过程中引入污染物导致。

【处理措施】

更换损伤及污染的绝缘件。复试通过。

案例57　换流变压器局部放电超标上部端圈放电

【案例描述】

某工程换流变压器进行预局部放电试验，施加$1.7U_m/\sqrt{3}$电压结束后，第二阶段施加$1.5U_m/\sqrt{3}$电压网侧局部放电量40pC、阀侧局部放电量55pC、铁芯局部放电量60pC、夹件局部放电量65pC。$1.5U_m/\sqrt{3}$电压进行到56～59min时，网侧局部放电量300～500pC、阀侧局部放电量50pC，局部放电量超标。换流变压器解体检查，柱1网侧绕组上部端圈17挡处绝缘角环、绝缘端圈、垫块及调压绕组最外层纸筒部位有放射性放电痕迹。

【案例分析】

（1）工艺控制器身干燥处理不彻底。

（2）端圈绝缘垫块材质存在缺陷，内部放电起始导致试验失败。

（3）生产过程中引入了污染物，导致试验过程中发生放电。

【处理措施】

已拆卸的部件逐件检查，更换解体及放电导致的损伤、污染的绝缘件，按照常规工艺恢复，复试全部出厂试验项目。复试试验通过。

案例58　换流变压器油室板表面起层

【案例描述】

某工程换流变压器器身装配柱2下端油室板面绝缘起层。

【案例分析】

在打孔过程中因油室板下面没有垫实，钻头旋转振动带起油室面板纸起层。

【处理措施】

把油室板起层部位进行打磨处理，经工艺、质量人员确认，符合工艺要求。

案例 59　换流变压器阀侧套管表面有污渍

【案例描述】

某工程换流变压器阀侧升高座与套管法兰间表面不清洁，有污渍。

【案例分析】

在安装套管时，不锈钢螺栓上带有的润滑油遇热后流淌所致。

【处理措施】

安排人员用干净的抹布清洁处理干净。

案例 60　换流变压器短时感应耐压试验试验放电

【案例描述】

某工程换流变压器进行短时感应耐压试验时，施加 $1.1U_m/\sqrt{3}$ 及 $1.5U_m/\sqrt{3}$ 电压下局部放电情况正常，继续加压至 660kV 时（激发电压 680kV），内部发生异常声响、电压跌落、局部放电满屏，试验停止。试验后本体上部有 $419\mu L/L$ 乙炔。

【案例分析】

测量网侧和阀侧绕组的直流电阻，网侧直阻无异常，阀侧直阻较前期数值增大了约 2.8%，器身拆解后发现阀侧绕组第 77、78 段屏蔽线悬头位置有 2 处放电点，绝缘碳化、导线及屏蔽线悬头熔断。

阀侧绕组第 77 段屏蔽线悬头位置错误，屏蔽线少绕 1 匝，导致的端部电容分布不满足设计要求（在此情况下全波雷电冲击时，第 78 饼和第 77 饼间电压差为 122.6kV，裕度降低为 1.02），可能在雷电冲击时段间电压差超出设计要求导致发生饼间放电，并在短时感应耐压试验时故障进一步扩大。

【处理措施】

重新绕制绕组，更换整体绕组所有受污染的绝缘件，按照正常工艺回装。修复后进行短时感应耐压试验，试验通过。

案例 61　换流变压器空载试验产气

【案例描述】

某工程换流变压器空载试验，施加阀侧 0.3 倍额定电压时，TMS580 电压互感器过载报警，检查试验线路及被试换流变压器套管末屏、互感器、铁芯、夹件接地情况均无问题，试品分接到位无问题。再次施加阀侧 0.4 倍额定电压时，TMS580 电压互感器过载报警。脱开试品，空加试验回路均无问题。再次施加阀侧 0.9 倍额定电压时，TMS580 电压互感器过载报警。直至 14：30，空载试验正常进行，空载损耗及空载电流均合格，无问题，18：00—20：00 预局部放电合格，无异常。局部放电后油结果无异常。中性点雷电冲击无异常，29 日 8：00 油箱上、中、下均有 0.17μL/L 乙炔左右。

【案例分析】

拆除阀侧 a 套管及隔板系统，检查发现 a 引线与均压管的等位连线未连接。打开 a 引线均压管外部绝缘，并拆除该均压管，检查内部发现其中一根载流引线外部有明显的放电痕迹，使用内窥镜检查引线放电位置对应的均压管内壁，出现轻微放电痕迹。

【处理措施】

修复后进行空载试验通过。

案例 62 换流变压器网侧雷电冲击试验故障

【案例描述】

某工程换流变压器进行网侧首端雷电全波冲击试验，第一次施加 100％电压（1550kV），听到产品内部有回声，同时波形显示异常。检查线路后，施加 60％电压波形无异常、施加 80％电压波形异常、施加 60％电压波形异常，试验暂停。试验后 90min 换流变压器本体上部（分接开关附近）乙炔含量为 0.2μL/L。内检发现开关附近 ZnO 避雷器的 4 分接线贴在了开关选择器的上法兰盘上，引线表面有放电痕迹。

【案例分析】

该换流变压器人孔位于开关附近的箱壁上侧，换流变压器下箱装配等操作时可能碰到开关上的分接引线。由于该区域开关分接引线较多，避雷器引线路径较远，ZnO 避雷器引线直径比较小且柔软，装配下箱调整其他部件时未注意电缆与开关底盘距离，造成此引线贴在了开关分接选择器的法兰盘上。当网首端做雷电冲击全波试验时，3 分接与 4 分接连接、19 分接接地，法兰盘电位为零，4 号避雷器的引线对地电位相当于调压首末端的电位，此引线贴在了法兰盘上，导致雷电冲击时发生了放电。

【处理措施】

对放电的避雷器引线重新包扎绝缘处理，处理结束后重新进行真空注油，并进行后续网侧雷电冲击以及未完成试验项目。

案例 63　换流变压器温升试验箱沿过热

【案例描述】

某工程换流变压器温升试验过程中，红外线扫描发现箱沿存在局部过热现象，最热点温升 113K。

【案例分析】

局部过热点在漏磁集中区域的箱沿位置，上、下箱沿螺栓及铜排连接不可靠导致接触电阻过大及过热。

【处理措施】

在网侧及调压长轴侧箱沿中间区域焊接 21 条 10mm×20mm×300mm 钢板条，覆盖整个漏磁场集中区域，确保上、下箱沿连接可靠，同时网侧及调压长轴侧各留下 4 个铜排连接。

重新进行温升验证试验，1.1 倍标称容量下结构件对空气最热点温升为 65K，符合协议要求值。

案例 64　换流变压器开泵局部放电超标

【案例描述】

某工程换流变压器转动油时的局部放电测量试验，施加电压到 $1.1U_m/\sqrt{3}$ 下 5min 时，网侧局部放电量 141pC、阀侧局部放电量 42pC，施加电压到 $1.5U_m/\sqrt{3}$ 下 20min 时，网侧局部放电量 460pC、阀侧局部放电量 110pC，电压施加至 $1.5U_m/\sqrt{3}$ 下 60min 时，网侧局部放电量增加到 720pC、阀侧局部放电量 160pC，不满足技术协议不大于 100pC 要求，油色谱无异常。

【案例分析】

分析为气泡性质放电。

【处理措施】

进行负载加热、热油循环处理。复试试验通过。

第四节　试 验 类 问 题

案例 1　换流变压器直流极性反转试验局部放电干扰

【案例描述】

某工程换流变压器进行直流极性反转试验时，负极性 90min 超过 2000pC 局部放电数量为 1 个，从负极性反转正极性，第 1 个 10min 超过 2000pC 的为 10 个，第 2 个 10min 为 8 个，超过 2000pC 局部放电数量已属于标准范围的极限值。

【案例分析】

由于电压等级较高，极性反转后短时间内不稳定造成的干扰局部放电。

【处理措施】

设备厂家认为超过2000pC的局部放电数量未超过标准限值，满足要求，并且通过试验环境进行分析和空试检验，认为反转后首个10min内的超过2000pC的局部放电主要是由于背景造成，不属于产品质量问题，认定试验结果合格，并在试验报告内对此情况进行解释说明。

案例2　换流变压器冲击波形重合度

【案例描述】

某工程换流变压器通过了温升、预局部放电等出厂试验项目，在进行雷电冲击试验调试时发现波形比较波头后重合度较差。

【案例分析】

（1）试验大厅华天的冲击测量系统未采取屏蔽措施，抗干扰性较差．产品试验时波形发生变化。

（2）测量系统采样、算法等与特高压换流变压器参数不匹配。

【处理措施】

替换使用换流变压器厂家的冲击测量系统。设备更换后问题解决。

案例3　换流变压器直流极性反转试验异常

【案例描述】

某工程换流变压器进行直流极性反转试验，共进行3次。第1次试验因"－"转为"＋"极性反转后10min内不小于2000pC的脉冲数超过10个，不满足技术规范要求，终止试验。第2、3次试验均按照技术规范要求进行全过程试验（第3次试验第2次反转后增加15min）依旧存在此种现象，其中第3次试验时，第1次反转后1min内对产品外部进行监测，试验人员监听到外部有金具部位放电声响，同时监造人员发现局部放电仪上出现4个大放电波形，＞2000pC脉冲计数增加10个。

【案例分析】

直流极性反转，"－"转为"＋"极性反转后10min内不小于2000pC的脉冲数超过10个，认为是外部有金具部位放电造成的。

【处理措施】

更换新的软管，复试合格通过。

案例4　换流变压器预局部放电试验局部放电异常

【案例描述】

某工程换流变压器进行绝缘前长时感应电压试验，进行了多次总体局部放电量不稳定且有增长趋势，在 $1.7U_m/\sqrt{3}$ 电压激发后、$1.5U_m/\sqrt{3}$ 电压下 $0\sim40min$ 局部放电量：网侧 16pC、阀侧 10pC；40min 时网侧局部放电量增长至 30pC，且继续缓慢增长；至 60min 时网侧最大局部放电量 $55\sim75pC$，阀侧 13pC，试验停止。

【案例分析】

认为油箱箱沿 C 形卡由于漆膜可能存在悬浮。

【处理措施】

产品排油，对肺叶压板接地、网出线侧均压环、夹件屏蔽环、铁芯夹件接地等内部点位联结检查，完成内检后进行抽真空、真空注油、负载加热及热油冲洗，热油循环经工艺处理后，复试试验通过。

案例5　换流变压器绝缘试验前长时感应电压试验试验局部放电超标

【案例描述】

某工程换流变压器绝缘试验前进行长时感应电压试验局部放电超标，施加电压 $1.5U_m/\sqrt{3}$ 时网侧 $80\sim130pC$，合闸后背景：网侧为 10pC，阀侧为 10pC，第二阶段 $1.5U_m/\sqrt{3}$ 电压时局部放电量：网侧为 50pC，阀侧为 20 pC，铁芯和夹件为 $100\sim260pC$，进行了排查后再次加压、网侧为 $50\sim110pC$，阀侧为 $30\sim50pC$，铁芯和夹件 $150\sim500pC$。熄灭电压 $0.9U_m/\sqrt{3}$。

【案例分析】

试验回路问题。

【处理措施】

对试验回路、接地及进行排查。预局部放电复试通过。

案例6　换流变压器油样检测含微量乙炔

【案例描述】

某工程换流变压器排油，取油样化验含有微量乙炔（$0.06\mu L/L$）。经内检检查发现分接开关第 4、5 分接并联的避雷器有裂纹。

【案例分析】

试验结束后，由于本体油量较大，气体可能未游离到取油样位置，油样未检出乙炔。在本体排油后油得到充分混合后取样检出乙炔。经内检检查发现分接开关第 4、5 分接并联的避雷器有裂纹。

【处理措施】

更换避雷器，总装工艺处理，更换避雷器后中性点雷电冲击全波试验，中性点外施耐压试验，试验通过。

案例7　换流变压器预局部放电试验超标

【案例描述】

某工程换流变压器进行预局部放电试验，施加 $1.5U_m/\sqrt{3}$ 电压进行到 3min 时出现局部放电信号（没有冲 $1.7U_m/\sqrt{3}$ ），网侧 150～180pC，熄灭电压 $0.7U_m/\sqrt{3}$。二次升压超声定位，局部放电起始电压 $0.9U_m/\sqrt{3}$，$1.5U_m/\sqrt{3}$ 电压局部放电量 150～190pC，3min 内见到瞬间闪烁 400pC 两次。熄灭电压 $0.78U_m/\sqrt{3}$。开泵循环 2.5h，局部放电信号未消失，超声定位在网侧升高座处监测到信号，信号不稳定，取油样化验合格。

【案例分析】

升高座绝缘件浸油不足或有气体。

【处理措施】

更换网升高座、出线装置，进行总装处理后进行局部放电复试，试验通过。

案例8　换流变压器试验装置故障导致预局部放电试验超标

【案例描述】

某工程换流变压器进行绝缘前长时感应电压试验，施加 $1.1U_m/\sqrt{3}$（508kV）时，网侧局部放电量 40pC、阀侧局部放电量 70pC；电压升至 $1.5_m/\sqrt{3}$（693kV），前 4min 局部放电量正常，4min 后网侧局部放电量突然升至 1600～1900pC、阀侧局部放电量 550～660pC。停止加压，熄灭电压约为 $0.93U_m/\sqrt{3}$。

进行绝缘前长时感应电压试验故障排查复测，刚合闸后出现较为剧烈响声，箱沿处可见火花及闪光。

【案例分析】

试验时因发电机自励磁导致过电压，换流变压器发生严重放电。

吊芯检查发现柱2调压绕组外径侧纸板上有放电痕迹，初步分析放电路径为网侧首端线饼或者静电环起始，击穿网阀侧绕组间的主绝缘，最终通过调压绕组对地贯通。

【处理措施】

更换故障绝缘件。复试通过。

第二章 换 流 阀

第一节 原 材 料 类 问 题

案例 1 换流阀阀组件铜排软连接质量不满足要求

【案例描述】

某工程在换流阀阀组件组装环节见证过程中，发现部分阀组件铜排软连接表面存在鼓包、凹凸不平及裂痕、变色现象。

【案例分析】

铜排软连接在进厂检验时为部分抽检，阀组件组装过程中检验未落实到位。

【处理措施】

对全部不合格产品进行替换。替换后检查合格。

案例 2 换流阀阀电抗器质量不满足要求

【案例描述】

某工程在换流阀阀组件组装前对阀电抗器进行查验，发现 2 个阀电抗器表面存在不同程度的波浪纹，其中 1 个还存在表面磨损及凹坑现象。

【案例分析】

阀电抗器进厂检验时按比例抽检，该问题元件进入装配环节前过程检未落实到位。

【处理措施】

对阀电抗器进行筛查，对不合格产品退货处理。

案例 3 换流阀阻尼电阻绝缘部分碰伤

【案例描述】

某工程在原材料入厂检验见证过程中，发现阻尼电阻绝缘外表面有碰伤、小凹坑。

【案例分析】

物料转运过程中碰伤。

【处理措施】

问题物料退回供应商换货处理。

案例4 换流阀左右导电排表面有胶

【案例描述】

某工程在原材料入厂检验见证过程中，发现左右导电排外表面有胶残留。

【案例分析】

电镀后，胶带隔离保护处，胶未清理干净。

【处理措施】

（1）通知厂家加强生产质量管控，加强出厂检验。

（2）厂内使用酒精、无毛纸将残留胶擦拭干净。

案例5 换流阀散热器螺纹丝套跳丝

【案例描述】

在某工程换流阀生产过程中发现散热器上安装孔的 M5 螺纹丝套跳丝。

【案例分析】

散热器加工过程中质量缺陷。

【处理措施】

更换螺纹丝套。

案例6 换流阀阀冷主泵轴承箱盖处轻微渗漏油

【案例描述】

在某工程换流阀第 1、2 套阀冷主辅机收尾准备过程中，发现主泵轴承箱盖处有轻微渗漏油现象。

【案例分析】

主泵轴承箱盖处密封圈老化。

【处理措施】

增加端盖轴向长度（加长 1.8mm），严格落实端盖组装工艺要求（先对角紧固，再顺时针紧固），对 4 台主泵进行 20h 循环运行试验。循环运行试验后未出现渗漏油现象。

案例 7　换流阀散热器外观质量不合格

【案例描述】

某工程换流阀组部件散热器进行入厂检验时，发现表面有白点，经检查有 1000 余个。

【案例分析】

未按照工艺要求进行生产。

【处理措施】

全部返厂处理。

第二节　生产工艺、试验类问题

案例 1　换流阀阀组件水管连接力矩标记错位

【案例描述】

在某工程换流阀阀组件组装完成后转序过程中，检查发现水管连接处存在力矩标记双划线移位现象。

【案例分析】

组装、检验人员操作问题。

【处理措施】

排查组件各连接处后重新进行力矩标记。变更后检查合格。

案例 2　换流阀部分阀电抗器表面有划痕

【案例描述】

某工程换流阀部分运行试验用阀组件电抗器表面有划痕问题，不满足外观要求。

【案例分析】

型式试验试品组装与转运过程未妥善保护电抗器表面，导致漆面划伤。

【处理措施】

进行补漆等表面处理。

案例 3　换流阀型式试验中陡波冲击电压下电位分布不均匀系数不满足设计要求

【案例描述】

某工程换流阀产品绝缘型式试验，当进行陡波冲击电压不均匀系数测试试验时，对单阀施加陡波冲击电压正负各 5 次，电压峰值在 317～384kV，测量单阀中 4 个晶闸管上的电位。测试结果表明，不均匀系数为正极性最高 1.23、负极性最高 1.28，不符合不均匀系数不大于 1.20 的设计要求。

【案例分析】

经分析，认为原因包括：

（1）电位分布试验中所用高压测量装置采用阻容分压结构，在陡波等高频冲击下，未合理放置的高压测量探头等设备可能引入误差对测量结果造成不良影响。

（2）本次试验电压波形为截波型式，产生的高频信号影响了测量结果。

【处理措施】

厂家检查和确认试品和试验回路状态，以及测量装置、接线、测量通道等状态，重新进行陡波电位分布试验。对单阀施加陡波冲击电压（全波）正负各 5 次，测量单阀中 4 个晶闸管上的电位，测量结果表明不均匀系数为正极性 1.104，负极性 1.073，符合不均匀系数不大于 1.20 的设计要求。

第三章 开关类设备

第一节 原材料、生产工艺类问题

案例 1 滤波器小组断路器的绝缘拉杆破坏拉力试验时发生断裂

【案例描述】

某工程滤波器小组断路器强制抽检项目绝缘拉杆的破坏拉力试验，试验按照厂家试验方案要求进行：

(1) 首先加载至 140kN（例行拉力），持续 1min，试品无异常。

(2) 继续加载至 216.4kN 时（技术要求破坏拉力不小于 250kN），绝缘拉杆铝合金长接头 $\phi 28$mm 孔处发生断裂。

【案例分析】

(1) 绝缘拉杆供应商公司抽取 1 根进行了破坏拉力验证，破坏拉力不小于 250kN。

(2) 对破坏拉力失败的过程进行了核查，监造见证试验时，使用的轴销外径为 $\phi 24$mm，绝缘拉杆销子孔径为 $\phi 28$mm，而绝缘拉杆供应商验证试验的轴销直径为 $\phi 28$mm。

(3) 断路器厂家对使用的工装和绝缘拉杆嵌件的 $\phi 28$mm 板的受力情况进行了理论计算和分析，计算结论为：$\phi 24$mm 轴销对拉杆轴孔的挤压应力约为 $\phi 28$mm 轴孔的 1.17 倍，当破坏应力 $F=216.4$kN 时，$\phi 24$mm 轴销承受的载荷换算成 $\phi 28$mm 轴销施加的载荷大约为 $F'=216.4 \times 1.17 \approx 253.19$（kN）。

综上所述：通过以上核查、验证和理论计算分析，此次绝缘拉杆抗拉失败的主要原因是：试验工装使用的 $\phi 24$mm 轴销与零件嵌件孔尺寸 $\phi 28$mm 不匹配，从而造成轴销挤压应力值变大导致拉杆剪应力增大，最后导致拉杆嵌件接头断裂。

【处理措施】

(1) 根据理论计算和绝缘拉杆的实际尺寸，重新设计和制造专用工装，避免再次出现受力集中以及受力不均匀的情况。

(2) 抽取 2 根绝缘拉杆，进行破坏拉力试验。

使用重新设计和制造轴销，按照强制抽检方案的技术要求，2根试验结果不小于250kN，符合要求。

案例2　750kV罐式断路器灭弧室屏蔽罩存在金属粉末及灰尘

【案例描述】

将出厂工频耐压试验时工装屏蔽罩出现放电现象的断路器解体检查，未发现放电点，发现灭弧室屏蔽罩内有许多金属粉末及灰尘。

【案例分析】

经分析认为是机械特性试验中100次机械循环操作时形成。

【处理措施】

考虑今后批次产品也会存在类似问题，为避免运行中发生放电风险，在包装收尾时，将灭弧室抽出，清理干净屏蔽罩再进行包装。

案例3　隔离开关和接地开关部分接地底座表面有腐蚀

【案例描述】

某工程隔离开关和接地开关部分接地底座表面有腐蚀痕迹，表面有腐蚀问题。

【案例分析】

该现象是由于对产品防护不当，包装受潮后没有及时通风造成产品表面产生的白锈。

【处理措施】

针对以上问题，在产品发运前进行全面排查，按厂内工艺文件进行返修。

第二节　试　验　类　问　题

案例1　800kV GIS母线雷电冲击试验时发生放电

【案例描述】

某工程800kV GIS母线单元某工程在耐压接口同时进行雷电冲击试验时，第一次雷电冲击负极性2232kV放电。

【案例分析】

对母线单元解体检查，发现1～47高低位母线单元的下部四通母线中工装导体对筒体放电。其中，放电点位于工装导体棱边倒角上和筒体内壁，筒体内部无异物残留。

（1）经检查得知，此工装导体为老式导体且第一次使用，与前期耐压使用的工装导体不一致，其表面未进行刷漆且存在倒角棱边，使得此处与筒体的耐压距离变小。

（2）现场查看放电痕迹发现，放电点周围有黑色痕迹，存在异物放电的可能。结合放电位置及痕迹分析，怀疑为工装导体使用不当且清擦处理不到位，导致工装导体棱边倒角处存在金属异物造成的放电。

【处理措施】

车间排查现有的老式耐压导体，不再使用未刷漆的工装导体，对有棱边存在放电风险的老式导体进行封存处理。装配人员在耐压前对耐压导体进行表面处理，严格按照工艺流程执行，并在母线封盖前对母线内部进行点检，点检完成后使用强光手电对母线内部整体检查确认，避免异物残留和混入。

案例 2　800kV GIS 断路器局部放电试验不合格

【案例描述】

某工程 800kV GIS 断路器在做绝缘试验时，2205kV 雷电冲击、960kV 工频耐压都顺利通过；合闸工频局部放电试验也顺利通过。分闸工频局部放电试验时，750kV 起始局部放电值 4.0pC，960kV 局部放电值 5.0pC，电压降至 700kV 熄灭，分闸工频局部放电试验不合格。

【案例分析】

对断路器试验单元进行解体检查，重点检查断路器内部绝缘件、电阻、电容等关键部位，未发现异常。

【处理措施】

对该相断路器灭弧室进行清擦、点检，重新进行机械特性试验、密封试验、水分试验、绝缘试验。

重新进行绝缘耐压试验，SF_6 气体压力：本体 0.5MPa，工装 0.6MPa。

（1）雷电冲击耐受电压试验（合闸对地/分闸断口）：1260kV 正、负极性各 1 次，1680kV 正、负极性各 1 次，2205 kV 正、负极性各 3 次。

（2）工频耐压试验（合闸对地/分闸断口）：960kV/min。

（3）局部放电测量：960kV/min 降至 555kV 时不大于 3pC、合闸对地时为 1.8pC，分闸断口时为 2.5pC。结果符合技术要求。

案例 3　800kV GIS 母线工频耐压试验不合格

【案例描述】

某工程 800kV GIS 母线单元在耐压接口同时做出厂绝缘试验时，雷电冲击负极性、正极性 2205kV 均顺利通过；在工频耐压试验 960kV/30s 时发生放电，工频耐压试验不合格。

【案例分析】

厂家对放电母线单元解体，发现母线导体杆对筒壁放电。对放电部位用 3M 胶带粘贴后发现，导电杆上存有金属丝状物。结合放电位置及痕迹发现，怀疑是导电杆上附着金属异物导致的放电。

【处理措施】

（1）对导电杆和筒壁的放电点用蘸酒精的百洁布进行打磨，表面处理至光滑无异物，用蘸酒精的真丝布擦拭干净后重新装配，点检完成后再次进行耐压试验。

（2）对正在装配的导体进行排查，用3M胶带依次进行粘贴，检查是否有铝丝存在，并对问题导体及时进行返修。

案例 4 800kV GIS 母线单元雷电冲击试验不合格

【案例描述】

某工程 800kV GIS 母线单元在做出厂绝缘试验时，2205kV 雷电冲击负极性 100％第 1 次放电，放电电压 2183kV，雷电冲击试验不合格。

【案例分析】

经拆解屏蔽，对屏蔽使用强光手电进行检查，发现屏蔽表面放电位置周围有轻微沟壑，可能是装配人员在屏蔽局部打磨处理时未按照工艺，残留有不易发现的细小金属丝导致的异物放电。

【处理措施】

3M胶带粘附合格的新屏蔽罩，更换盆式绝缘子，严格按照工艺流程重新装配，进行检漏、水分、特性试验后，出厂耐压试验合格。

案例 5 GIS 隔离接地开关雷电冲击试验不合格

【案例描述】

某工程 800kV GIS 隔离接地开关在做出厂绝缘试验时，2205kV 雷电冲击合闸正极性 100％第 2 次放电，放电电压 2166kV，雷电冲击试验不合格。

【案例分析】

对隔离接地开关单元拆解检查，发现静端屏蔽对筒体内壁放电。静端筒壁下方有多点放电痕迹；静端下屏蔽有一处放电痕迹。从放电痕迹上看，屏蔽处放电点呈白色放射状，经拆解屏蔽，用3M胶带粘贴放电点周围位置，发现有少量细微的金属丝。屏蔽环虽经过硬氧处理，但硬氧处理前的工序——碱洗执行不到位，导致厌氧后细小的金属异物隐藏在表面的沟壑里，班组对屏蔽异物清理不够彻底而导致的异物放电。

【处理措施】

按照装配工艺要求对隔接组合筒体、屏蔽罩表面处理、检查，重新特性试验、检漏、水分检测合格后进行出厂耐压试验，试验结果符合技术要求。

案例6 550kV GIS 的分支母线雷电冲击试验时发生放电

【案例描述】

某工程分支母线绝缘试验时，在施加雷电冲击试验负极性1550kV时，分支母线出现放电现象。

【案例分析】

经过对内部仔细检查，发现放电部位为导体屏蔽罩对微粒捕捉器（支撑件）放电。分析和判断为导体屏蔽罩表面残留毛刺、微粒捕捉器表面有异物造成。

【处理措施】

解体后，将整个绝缘子装配抽出来，对导体表面、筒壁均仔细检查，无发现有其他放电痕迹。对导体屏蔽件和微粒捕捉器进行清擦处理后，重新做雷电冲击、工频、局部放电试验，试验均通过。

案例7 750kV 罐式断路器出厂耐压试验时工装屏蔽罩放电

【案例描述】

某工程750kV罐式断路器进行出厂工频耐压试验，分闸操作时左右断口的工装屏蔽罩出现放电现象。

【案例分析】

操作人员接线时，不慎将屏蔽罩上下圆口处磨损划伤，引起放电。

【处理措施】

解体检查后未发现放电点，但发现灭弧室的屏蔽罩内有许多金属粉末及灰尘，厂家清理干净。

案例8 750kV 罐式断路器出厂试验气密不合格

【案例描述】

某工程两相断路器气密测试超标，测试数值$13\sim16\mu L/L$或爆表。

【案例分析】

厂家技术人员对产品进行漏点排查检测时未发现漏点，但发现SF_6气体回收、充气室里的系统装置漏气且散出，造成检漏现场周围环境SF_6气体密度过高。因此，认为是操作人员扣罩时将周围环境SF_6气体扣入密封罩内，造成检测数值超标或爆表。

【处理措施】

修复SF_6气体回收充气装置，用排风设备将检漏现场周围环境SF_6气体排除干净，更换新密封罩，重新扣罩 12h 后进行气密测试。重新对两相断路器进行气密测试，合格通过。

案例 9　750kV 罐式断路器工频耐压试验时发生放电

【案例描述】

某工程断路器在合闸位置进行工频耐压试验时，当电压升至 930kV 套管上屏蔽罩处放电跳闸，第二次升至 930kV 再次跳闸，第三次升至 960kV 又跳闸。于是，进行分闸非机构侧操作，试验合格。分闸机构侧试验时电压升至 925kV 套管上屏蔽罩处放电跳闸，进行第二次试验 900kV 时套管上屏蔽罩处、接地线处放电击穿跳闸。解体检查发现机构侧支撑绝缘筒内壁爬闪，绝缘筒内壁及屏蔽罩与绝缘筒夹缝处有细小黑色颗粒。

【案例分析】

断路器灭弧室装罐进行 200 次机械磨合试验后，进行清洗的不彻底、不到位，仍有金属粉尘残留在绝缘筒内壁与屏蔽罩的夹缝中，在出厂试验机械操作和特性测试时，灭弧室动作产生的振动及气流，将粉尘颗粒喷至绝缘筒内壁，最终在出厂耐压试验时发生放电，导致机构侧支撑绝缘筒闪络。

【处理措施】

200 次机械磨合试验后，改用大功率吸尘器安装特殊转接头，对绝缘筒内壁及屏蔽罩夹缝反复清理。

案例 10　750kV 罐式断路器雷电冲击试验时发生放电

【案例描述】

某工程罐式断路器出厂雷电冲击试验时，在合闸位置和分闸非机构侧雷电冲击试验，全部一次通过。在分闸机构侧试验时，电压升至负极性 1906kV 时放电，解体检查发现机构侧支撑绝缘筒击穿。

【案例分析】

怀疑绝缘失效的原因可能为绝缘筒内部有缺陷，在多次的绝缘试验中，将绝缘筒内部缺陷激发；也有可能是由于断路器操作后产生的金属异物，飘落至绝缘筒内部，导致绝缘筒内部脏污，最终导致放电击穿。

【处理措施】

更换机构侧绝缘支撑筒，检查其他绝缘件外观，未发现放电情况，再用酒精无毛纸清洁其他绝缘件表面，最后用吸尘器对灭弧室所有屏蔽罩及罐体内部进行清洁。

更换支撑绝缘筒后第二次进行出厂雷电冲击试验、工频耐压、局部放电试验，一次通过。

第四章 其 他 设 备

第一节 设计、原材料类问题

案例 1 400kV 穿墙套管工频局部放电不合格

【案例描述】

某工程 400kV 穿墙套管在进行例行试验中的工频局部放电试验时，电压加至 330kV，维持 1min（试验考核电压为 500kV）时出现约 60pC 以上的局部放电量。

【案例分析】

对套管设计结构进行排查，通过对套管结构的仔细核查，发现套管内部双导管连接处结构存在局部放电隐患。在铝导管端部及黄铜定位圈螺纹连接处护盖材质采用聚四氟乙烯，而不是常规的铝合金材质。改变材质本意上是考虑避免铝材质护盖与铜导管之间可能的接触放电，但带来的问题是导管端部的螺纹尖端失去了屏蔽，若螺纹表面毛刺处理不好，有可能产生局部放电。

【处理措施】

对户内、外端双导管连接处的结构进行改进，将聚四氟乙烯护套材质改为铝合金材质，同时考虑铝护套与铜导管之间的绝缘隔离。处理后重新测试后试验通过。

案例 2 调相机硅钢片圈料锈迹

【案例描述】

某工程调相机硅钢片圈料拆包装后有大量锈迹。

【案例分析】

圈料在运输过程中遇雨、雪天气，由于防护不当加上入库时又没有及时清理雨、雪，导致雪水通过外包装渗入圈料引起硅钢片生锈。

【处理措施】

硅钢片进行除锈处理，在硅钢片下料过程中，错开有锈迹的地方，无法错开的硅钢片做废弃处理；成型的硅钢片必须经过打磨去毛刺工序，再涂绝缘漆，保证冲片质量满足工艺要求。

第二节　生产工艺、试验类问题

案例 1　电容器厂内抽检发现变形

【案例描述】

某工程铁壳式电容器外壳变形量进行抽检，抽检情况如下：

（1）阻断滤波电容器、中性母线冲击电容器分别选取 10 台，最大形变量均小于 10mm。

（2）对直流滤波电容器选取 30 台，其中 2 台表面不均匀，1 台变形严重，3 台最大形变量大于 10mm，24 台形变量小于 10mm。根据工程会议要求，以壳体形变量大于 10mm 判定为不合格，即阻断滤波电容器、中性母线冲击电容器抽检合格，直流滤波电容器 6 台不合格。

【案例分析】

直流滤波电容器单元体积较往期工程增大，厂家生产工艺控制不满足产品要求。

【处理措施】

形变量超标的产品重新生产。

案例 2　调相机定子绕组端部振动试验不合格

【案例描述】

某工程调相机定子出厂试验在测量绕组端部振动试验时，测出端部多点不合格。

【案例分析】

绕组端部振动与调相机内部结构、定子绕组材料等有直接关系，减小端部振动，需要调整工艺，检查定子端部各个点绑扎、固化情况，进行处理。

【处理措施】

对超标各点重新进行加固绑扎，并再次固化。复试测试各点振动值符合标准要求，试验通过。

案例 3　调相机转轴喷银涂层脱落

【案例描述】

某工程调相机转轴端部线材槽齿检查时，发现表面喷银涂层大面积脱落。

【案例分析】

转轴喷银工序时工艺控制偏差，导致转轴加温时间不足、温度控制不到位等造成喷银涂层与转轴表面附着不够紧密，从而出现脱落问题。

【处理措施】

改进并严格控制工艺，严格控制转轴加热温度、提高喷枪出口温度、降低喷枪流速、采取薄涂层及多遍喷漆工艺控制喷涂质量。

案例 4　调相机转子槽衬破损和污染

【案例描述】

某工程调相机转子槽衬检查时发现：8 件槽衬有裂纹，1 件槽衬有小凹坑，槽衬绝缘件有个别被污染。

【案例分析】

转运过程中防护不当导致槽衬绝缘件损坏和污染。

【处理措施】

对损坏的槽衬进行报废处理；加强转子下线前槽衬绝缘件检查和清洁；更换新槽衬后进行耐压试验 6500V/min，试验通过。

案例 5　调相机定子损耗试验过热

【案例描述】

某工程调相机定子在进行第 1 次铁芯损耗试验时，有 4 槽共 6 点温度超过标准要求。

【案例分析】

槽楔压装的工艺问题。

【处理措施】

经现场处理后，第 2 次铁芯损耗试验各项数据均满足标准要求。

案例 6　电阻器冷态电阻不符合协议要求

【案例描述】

某工程电阻器出厂试验时，发现 HP6-12 R1 直流滤波电阻器、HP6-12 R2 直流滤波电阻器及 HP12-24 R1 低端交流滤波电阻器的冷态电阻值均不符合技术协议要求，技术协议要求电阻值最大偏差为 ±8%，实测值均超出偏差范围。

【案例分析】

厂家对电阻器冷态电阻值按要求值的 ±10% 设计，未按照投标技术文件执行。

【处理措施】

重新生产后测量冷态电阻值满足 ±8% 的要求。